ANGELA ELIS

Angela Elis lebt nach Stationen in Berlin, Hamburg, Dresden und Frankfurt am Main heute wieder in ihrer Heimatstadt Leipzig, die für den beherzten Mut der Friedlichen Revolution steht. Obwohl sie zu DDR-Zeiten kein Abitur machen konnte, fand sie den Weg zu ihrem Traumberuf als Moderatorin und Mediencoach. Zunächst absolvierte sie zwei Ausbildungen – Designerin und Pädagogin im Raum der Kirche –, danach studierte sie Theologie.

Es folgte die Flucht in den Westen, wo sie ein Magisterstudium für Theologie, Kunstgeschichte und Psychoanalyse mit „Auszeichnung" abschloss. Nach einem Volontariat beim Hessischen Rundfunk arbeitete Angela Elis als Journalistin, Redakteurin und Moderatorin. Sie schrieb mehrere Bücher und qualifizierte sich darüber hinaus als „Business- und Resilienzcoach".

Mit all diesen Kompetenzen und ihrem reichen Erfahrungsschatz ist es die Mission von Angela Elis, Ihre Qualität sichtbar zu machen und Sie „WERTvoll zum Erfolg" zu führen – egal, ob vor der Kamera oder auf der Bühne, vor Mitarbeitenden oder Kund*innen, beim Videodreh oder im Online-Meeting.

Mehr dazu finden Sie hier:

Für Sie

mit 45 Tools für Ihren Handwerkskoffer
und einem Geheimtipp

Bildnachweise:
Cover: Adobe Stock © On-Air, Adobe Stock © Terry Papoulias
Innenteil: Michael Bader, Ralph Meiss, Seyboldt, Weinkauf,
ARD/mdr, ZDF, 3sat, BMWI, BMEL, Adobe Stock © On-Air,
Adobe Stock © YummyBuum, Adobe Stock © Alekss,
Adobe Stock © Irina Schmidt, Adobe Stock © Gorodenkoff,
Adobe Stock © Achim Wagner und privat

Im folgenden Text wird verallgemeinernd das generische
Maskulinum verwendet. Diese Formulierungen umfassen
gleichermaßen weibliche und männliche Personen sowie alle
geschlechtlichen Identitäten; selbstverständlich sind damit
alle gleichberechtigt angesprochen.

Bibliografische Information der Deutschen Nationalbibliothek
Die Deutsche Nationalbibliothek verzeichnet diese
Publikation in der Deutschen Nationalbibliografie; detaillierte
bibliografische Daten sind im Internet unter http://dnb.d-nb.de
abrufbar.

© Bourdon Verlag GmbH, Hamburg 2022, 1. Auflage

Printed in Germany

ISBN 978-3-949869-56-3

www.bourdon-verlag.de

ANGELA ELIS

ON AIR

Für MEHR Präsenz, Wirkung & Charisma

ONLINE - BÜHNE - KAMERA

Angela Elis mit WERTvollen Tipps & Tricks
aus über 25 Jahren Erfahrung
ARD, ZDF, 3sat & Bühne

BOURDON
VERLAG

INHALT

1. Einleitende Gedanken

Wie fühlt sich das an, vor die Kamera zu treten oder auf die Bühne zu gehen? Wenn alle Scheinwerfer auf mich gerichtet sind und nicht nur die, auch alle Augen des Publikums. Ist es erhebend? Die Brust strafft sich vor Stolz und die Haltung wird aufrecht – oder bekomme ich einen Kloß im Hals, ein flaues Gefühl in der Magengrube, das Herz fängt an zu rasen und die Hände zu zittern?

Es braucht nicht unbedingt die große Bühne, um derartige Reaktionen zu erleben. Schon die kleine schwarze Linse einer Webcam bei einem Online-Event, kann ausreichen, um mich nervös werden zu lassen.

Die kleine schwarze Linse einer Kamera kann reichen, um mich nervös zu machen.

Die gute Nachricht ist, dass sich Schritt für Schritt lernen lässt, solchen inneren Stress zu managen ebenso wie die Fähigkeit, auf den Punkt präsent zu sein. In diesem Buch verrate ich Ihnen die wichtigsten Tipps & Tricks & Tools aus über 25 Jahren Erfahrung, wie ein überzeugender Auftritt gelingen kann und was es dafür braucht.

Im Vergleich zu meinen Anfangsjahren als Moderatorin kann mich heutzutage kaum noch etwas aus der Ruhe bringen und es ist mir eine wahre Freude, ganze Bühnen zu rocken – egal, ob groß oder klein und egal, wer und wie viele im Publikum sitzen. Der erste Mann im Staate oder die erste Frau direkt vor mir in der ersten Reihe und ich soll sie souverän begrüßen? Kein Problem! Eine hitzige Diskussion mit DAX-Vorständen oder TOP-Wissenschaftler*innen? Aber gerne doch!

Wie das geht? Und wie auch Sie das Beste aus sich herausholen können und „WERTvoll zum Erfolg" gelangen, darum geht es in diesem Buch.

Wie auch Sie das Beste aus sich herausholen, das erfahren Sie in diesem Buch.

Aus eigener Erfahrung weiß ich, mich zu präsentieren, bringt mich mit meinen tief sitzenden Zweifeln in Kontakt. Mit meinen Bedenken, nicht gut genug zu sein und beschämt zu werden oder gar zu scheitern. Um das nicht erleben zu müssen, starten wir gern Ausweichmanöver, die auch ich am Beginn meiner Tätigkeit vor der Kamera oder auf der Bühne gefahren bin.

So habe ich zunächst versucht, möglichst perfekt und unangreifbar zu sein, wirkte dabei allerdings ziemlich steif und starr. Eine andere Strategie war, mich hinter Bergen an Wissen sowie Zahlen, Daten und Fakten zu verstecken, was meine Auftritte allerdings eher langweilig und nicht wirklich anregend machte.

Später suchte ich Sicherheit darin, vorab alles auswendig zu lernen und vor dem Spiegel einzustudieren, um dann auf der Bühne mein Ding durchziehen zu können. Was dabei jedoch auf der Strecke blieb, war eine lebendige Beziehung zu meinem Publikum. Alles Kardinalfehler, wie ich inzwischen weiß. Aber Hand aufs Herz, kommen Ihnen solche und ähnliche Winkelzüge nicht auch bekannt vor?

Schon sehr frühzeitig hatte ich ein Gefühl dafür, dass das besser gelingen kann und „MEHR" möglich ist. Und weil ich erfolgsorientiert war, habe ich mich auf das größte Abenteuer meines Lebens eingelassen, um mich von der Bühnen-Raupe in einen beflügelnden Schmetterling zu verwandeln und mit individueller Ausdrucksstärke und persönlicher Wirksamkeit punkten zu können.

Sich von der Bühnen-Raupe in einen Schmetterling zu verwandeln, ist ein riesiges Abenteuer.

Habe ich geahnt, dass es so was wie eine Heldenreise werden würde, bei der es gilt, in die Höhle des Drachen zu gehen oder ihn zumindest aus seinem Bau zu locken? Nein, das habe ich nicht.

Aber nach Tausenden von Sendungen und viele, viele Veranstaltungen später kann ich sagen: Ich habe es nicht nur überlebt, ich habe letztlich jede einzelne Station dieser Abenteuerreise genossen – also jeden Moment der Arbeit an mir und meiner Performance –, weil es mein Leben unendlich bereichert hat.

Am Ende ist Erfolg das Ergebnis von vielen Versuchen und einigen Erfahrungen des Scheiterns, wenn ich bereit bin, daraus zu lernen und mich weiterzuentwickeln, statt im Status quo stecken zu bleiben. Und einen Geheimtipp dazu schon jetzt: Es ist unglaublich motivierend, mit der Siegesparty nicht bis zum Schluss zu warten, sondern auch die vielen kleinen Fortschritte auf dem Weg zum Ziel wertzuschätzen und zu feiern.

Erfolg = viele Versuche und etliche Erfahrungen des Scheiterns, wenn ich nicht aufgebe und dazulerne.

Auf der Bühne und vor der Kamera ist die bestmögliche Version meiner selbst gefragt – insbesondere auch bei hitzigen Diskussionen mit Prominenz.

Bei einer Umfrage sollen 41 % der Befragten angegeben haben, dass sie lieber sterben würden als eine Rede zu halten,[1] was erstaunlich ist. Erstaunlich, denn ich sehe ja bei anderen und mir, wie viel wir dafür tun, um möglichst lange am Leben zu bleiben. Wir legen Sicherheitsgurte an oder Schwimmwesten, machen Vorsorgeuntersuchungen oder schließen Versicherungen ab – all das, um möglichst heil durch unsere Tage zu kommen. Aber ausgerechnet in dem Moment, in dem es „nur" darum ginge, eine Rede zu halten, findet fast die Hälfte der Befragten – zumindest theoretisch – den Tod attraktiver? Bemerkenswert, oder?

Die Angst Nummer 1 ist, öffentlich zu reden. Die Angst vor dem Tod folgt erst an zweiter Stelle.

Aber sicher ahnen auch Sie es schon: Es geht dabei nicht um „das Reden an sich", es geht vielmehr um die Angst dahinter. Die Angst, sich vor anderen zu zeigen und dabei zu versagen. Das ist die unsägliche Pein, die es zu vermeiden gilt, und offensichtlich haben viele von uns bereits in frühester Kindheit verletzende Erfahrungen gemacht, die uns in den Gliedern stecken, allerdings ohne dass sie uns noch bewusst wären. Solche Ursprungserlebnisse können ähnlich wie Narben sein, die wir irgendwann bekommen und wieder vergessen, wenn sie verheilt sind. Wir denken im Alltag nicht mehr daran, bis wir durch einen Anlass wie den berühmten „Wetterwechsel" schmerzhaft an sie erinnert werden.

Der Gang vor die Kamera oder auf die Bühne ist so ein Wetterwechsel, ein Umschwung von gewohnt zu ungewohnt, vom Alltäglichen zum Besonderen und somit der Anlass, an dem sich plötzlich alte Narben melden. Es sind die unangenehmen Vorerfahrungen, die sich körpersprachlich Ausdruck verschaffen mit Rotwerden, Schwitzen, plötzlichem Stottern oder Herzrasen. Das ist die Sprache der uns nicht mehr bewusst erinnerlichen Ursprungserlebnisse, die in unseren Körperzellen gespeichert sind und uns blockieren, wenn wir eigentlich vorhaben, uns bestmöglich zu präsentieren.

Der Gang vors Publikum ist ein Umschwung von gewohnt zu ungewohnt, auf den unser Körper reagiert.

Erkennen wir diesen Mechanismus, haben wir den ersten Schritt in Richtung Lösung getan, denn mit diesem Körperwissen kann sehr effektiv

---

[1] Bargenda, Christian. „Die Angst vor dem Reden und Präsentieren: Überwinden Sie die Furcht, vor Publikum zu sprechen" im Rhetorikmagazin, https://www.rhetorikmagazin.de/?p=1996.

gearbeitet werden und das geht weit über die Erfolge einer nur kognitiv orientierten Persönlichkeitsentwicklungs- und -veränderungsarbeit hinaus.[2]

Die Arbeit mit dem Körperwissen ermöglicht schnelle und nachhaltige Veränderungen, von denen wir ein Leben lang profitieren können. Gelingt es uns, uns darauf einzulassen, haben wir den Schlüssel zu unserer ureigenen Wirkmächtigkeit und Ausdrucksstärke für immer in der Hand oder anders ausgedrückt, für jeden Wetterwechsel die passende Kleidung.

Wissen steht zwar am Beginn jeder Weiterentwicklung, führt aber nicht automatisch zur Veränderung, denn Kennen ist nicht gleich Können. Erkenntnis allein reicht nicht aus. Die Körperarbeit ist der Schlüssel zum Erfolg, denn: Der Weg geht vom Wissen zum Wirken.

Ich weiß nicht, was Ihre kommunikativen Herausforderungen sind. Müssen Sie eher vor Mitarbeitenden sprechen oder vor Kund*innen? Auf der Bühne oder vor der Webcam? Die eher private Kommunikation mit dem Lebenspartner, der Lebenspartnerin oder den eigenen Kindern lasse ich hier mal außen vor, wobei sich beruflich erworbene Kompetenzen im Bereich Auftritt und Wirkung natürlich auch hier positiv auswirken.

Letztlich ist es aber egal, ob wir entscheidende Gespräche im kleineren Kreis zu bewältigen haben oder wichtige Reden vor größerem Publikum zu halten sind wie beispielsweise bei einer Jahres- oder Aktionärsversammlung. Auch ob wir einschneidende Umstrukturierungsmaßnahmen verkünden müssen, die Entlassungen zur Folge haben oder ob es um komplizierte Gehalts- oder Tarifverhandlungen geht. Ob wir in einer Bewerbungssituation sind oder uns den Kopf über eine Keynote oder einen Fachvortrag zerbrechen. Vielleicht dürfen wir gute Botschaften verkünden oder müssen eine Krisensituation kommunizieren, – wie auch immer, in jedem Fall zählt:

Das ganze Leben besteht aus Kommunikation. Kommunikation ist alles und ohne Kommunikation ist alles nichts. Ob beim Einkaufen, beim Arztbesuch – überall ist Kommunikation gefragt.

Bereits zu Beginn des Lebens steht fest, dass es ab jetzt darum geht, sich verständlich zu machen und verstanden zu werden. Bestimmt ha-

---

[2] Mehr zu dieser Arbeit finden Sie im Anhang auf Seite 161

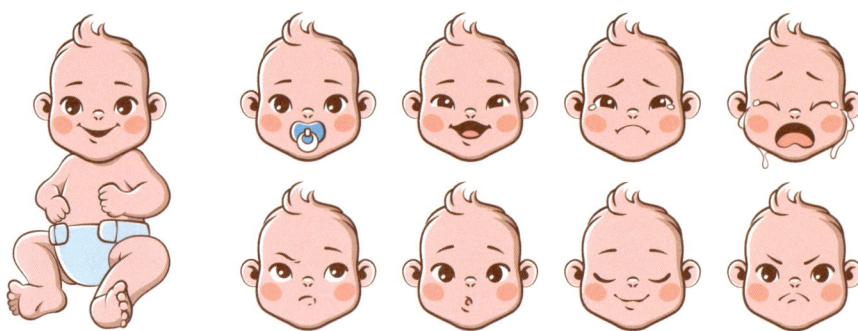

ben auch Sie schon Babys gesehen, die sich aus Leibeskräften und herzzerreißend knallrot schreien, weil sie mitteilen möchten, dass sie Hunger haben. Oder aber solche Wonneproppen, die aufgrund ihres Wohlbefindens herzerwärmend glücklich glucksen. Ebenso beeindruckend kann die Mimik von Kleinkindern sein, wenn sie etwa Spinat oder Rosenkohl gar nicht mögen und unmissverständlich ihren Unmut demonstrieren.

Sich verständlich zu machen und verstanden zu werden, sichert das Überleben.

Manchmal ist es wirklich urkomisch, wie sich die Klitzekleinen, die noch nicht einmal richtig reden können, trotzdem Gehör verschaffen. Erst neulich habe ich es beim Aussteigen aus dem Zug wieder erlebt: Eine Mutter versuchte ihrer kleinen Tochter, die sich für jeden sichtbar gerade erst auf ihren Beinchen halten konnte und noch heftig nuckelte, klarzumachen, dass sie jetzt als Erste aussteigen würde. Doch da hatte die Mutter die Rechnung ohne ihr Kind gemacht, denn ihre Tochter war überhaupt nicht damit einverstanden, was sie mit heftigem Kopfschütteln und aufstampfenden Füßen demonstrierte. Das kleine Mädchen drücke förmlich von Kopf bis Fuß sehr beeindruckend aus, dass sie selbst gern die Erste beim Aussteigen sein möchte.

Die Kommunikation von Kleinkindern ist oft so eindeutig und klar, dass wir uns in puncto Wirksamkeit einiges abschauen können.

Und das gilt letztlich bis hin zum Thema Führung, denn es spielt erst mal keine Rolle, ob agil oder autoritär, ob partizipativ oder laissez faire – auch Führung funktioniert über Kommunikation, und zwar verbal und nonverbal, und auch Sie strahlen mit Ihrer Erscheinung von Kopf bis Fuß immer etwas aus. Jeder Dirigent eines Orchesters ist ein gutes Beispiel dafür, wie Führung nonverbal und mit Ganzkörpereinsatz gelingen kann.

Ein Orchester-Dirigent demonstriert, wie Führung nonverbal und mit Ganzkörpereinsatz gelingen kann. Es ist eine Kommunikation von Kopf bis Fuß.

Die moderne Führungskraft versteht sich inzwischen zumeist als Moderator und Sinnstifter, was aber erst recht kommunikative Kompetenzen verlangt.

Haben Sie die entsprechenden Fähigkeiten? Und wie managen Sie dabei das Hybrid-Modell zwischen Homeoffice und persönlicher Präsenz oder den Spagat zwischen „Social Distancing" und Teamarbeit?

Es ist also in vielfacher Hinsicht von Vorteil, sich mit den Themen Kommunikation, Performance und Wirkung zu beschäftigen, denn vom ersten bis zum letzten Atemzug bemüht sich unser ganzes System darum, sich verständlich zu machen, weil es letztlich das ist, was unser Überleben sichert. Sie haben vielleicht schon einmal von den grausamen Sprachentzugsexperimenten gehört, von denen nicht ganz sicher ist, wann und ob sie tatsächlich so stattgefunden haben. Neugeborene sollen dabei ihren Müttern weggenommen und an Pflegepersonen übergeben worden sein, die Anweisung hatten, die Babys zwar zu füttern und zu waschen, dabei aber keinesfalls mit ihnen zu kosen oder zu sprechen. All diese Kinder sollen verkümmert und schließlich gestorben sein.

Was damit untermauert wird, ist die Tatsache, dass Kommunikation lebensnotwendig ist – nicht nur für das biologische Überleben, sondern auch für das soziale und berufliche. Schlechte Kommunikation führt nicht nur zu Karriereabbrüchen, sondern auch zu Flugzeugabstürzen.

Kompetente Kommunikation ist überlebensnotwendig, sowohl für das biologische Überleben, als auch für das soziale und berufliche. Schlechte Kommunikation kann zu Karriereabbrüchen führen, ja sogar zu Flugzeugabstürzen.

Dagegen ist Kommunikationskompetenz Ausdruck von sozialer Intelligenz. Sie befähigt uns, mit anderen zu interagieren. Wir machen uns verständlich, werden verstanden und können ebenso Verständnis zeigen. Kommunikation kann dabei informativ sein und inspirierend, aber auch verletzend, aggressiv oder abwertend. Wirksame Kommunikation ist immer eine gelungene Mischung aus Überzeugungskraft und Unterhaltungswert.

In meinen über 25 Jahren als Moderatorin und mehrfach qualifizierter Coach ist mir eins klar geworden: **Kommunikation besteht grundsätzlich aus drei Bausteinen: Inhalt + Persönlichkeit + Resonanzaufbau. Daraus abgeleitet, arbeite ich mit der von mir entwickelten I.P.R.-Erfolgsformel** ©, die ich Ihnen in diesem Buch Schritt für Schritt vorstelle.

Wirksame Kommunikation hat Überzeugungskraft und Unterhaltungswert. Sie besteht aus drei Bausteinen: Inhalt + Persönlichkeit + Resonanzaufbau. Daraus abgeleitet, arbeite ich mit der von mir entwickelten I.P.R.-Erfolgsformel ©.

Das Problem dabei ist, dass häufig die Bedeutung des Inhalts überschätzt wird. Vielleicht sammeln ja auch Sie – so wie ich in meiner Anfangszeit – fleißig Zahlen, Daten und Fakten und kümmern sich emsig um rhetorische Kniffe oder Wortakrobatik, ohne zu bedenken, dass all diese Verrenkungen, die ganz nebenbei noch viel Zeit kosten, zu Hürden werden, wenn Sie überzeugen wollen. Zu Stolpersteinen, die Sie sich selbst in den Weg legen, weil Sie nicht bei sich und Ihrer ureigenen Ausdrucksstärke bleiben und so aus sich selbst heraus überzeugend wirken, sondern meinen, sich als Schlaumeier oder wandelndes Lexikon darstellen zu müssen. Dabei punktet eher der, der es versteht, seine Zuhörerschaft mit drei klaren Kernbotschaften und mittels seiner Persönlichkeit und Resonanzfähigkeit zu begeistern. Und glauben Sie mir, diese für sich selbst gründlich herauszuarbeiten, ist schwerer als sich hinter Gebirgen aus Wissen zu verstecken.

Was bei uns schon in der Erziehung und dann auch in der Schulzeit viel zu kurz kommt und völlig unterschätzt wird, ist die Auseinandersetzung mit dem Wesen und den Wirkkräften unserer eigenen Persönlichkeit und dann die Resonanz mit unserem Gegenüber, weil gelingende Kommunikation nie eine Einbahnstraße ist.

Unterschätzt wird die Auseinandersetzung mit dem Wesen und den Wirkkräften der eigenen Persönlichkeit und die Resonanz mit dem Gegenüber.

Verstehen Sie mich bitte nicht falsch, es ist hierbei keineswegs das Ziel, dass Sie am Ende alle zu Rampensäuen oder Bühnenmonstern werden, denn auch eher stille und zurückhaltende Persönlichkeiten können hoch wirksam sein, wenn sie wissen, wie sie ihren individuellen Typ gezielt einsetzen können.

Meist jedoch funktionieren wir nach dem Prinzip „Leistung", das wir mit viel „Blut, Schweiß und Tränen" bedienen und weniger nach dem Prinzip „Wirkung", das jedoch mindestens genauso wichtig ist – tatsächlich sogar noch wichtiger.

Erinnern Sie sich hier nur kurz an die Person im Kollegenkreis, die eigentlich kaum Ahnung hat, eher ein Dampfplauderer ist, aber dennoch gut ankommt. Warum? Weil dieser Pfiffikus die wichtigsten Wirkmechanismen beherrscht.

Das sind die wichtigsten Wirkmechanismen, auf die ich in den kommenden Kapiteln näher eingehen werde:

1. EQ triumphiert über IQ: Wie sich jemand mit Ihnen fühlt, ist wichtiger als Ihre intellektuelle Brillanz.

2. Identifikation wirkt stärker als Argumentation: Die besten Argumente nützen nichts, wenn Sie als Person nicht überzeugen. Anders ausgedrückt: Fachidiot schlägt Kunden tot.

3. Nonverbales hat eine größere Wirkung als Verbales: Ihre Zunge kann lügen, Ihr Körperausdruck nicht. Mit Worten können sie viel erzählen, aber der Körper spricht gemeinhin die Wahrheit.

4. Humor schlägt Intelligenz: Wird das Lachzentrum im Gehirn aktiviert, ist das wirksamer als jeder Fachvortrag.

5. Erst Sinn bieten, dann Leistung abrufen: Nur wenn die Zuhörenden einen Nutzen für sich erkennen, werden sie Ihnen folgen.

Sich gezielt mit den drei Bausteinen der *I.P.R.-Erfolgsformel*© auseinanderzusetzen, um ungenutzte Wirkungspotenziale zu heben, ist deshalb nicht nur hilfreich, es ist auch beglückend, weil es eines der lohnendsten Abenteuer des Lebens ist, sich selbst und seine ureigenen Wirkmechanismen zu entdecken. Das bestätigt sich auch immer wieder bei meiner Arbeit. Als Coach und Medientrainerin begegnen mir häufig Fragen wie: Was ist das Erfolgsgeheimnis für eine souveräne Performance? Wie kann ich überzeugend kommunizieren und wirksam präsentieren, eine tolle Rede halten, ja einen Spitzenauftritt hinlegen? Wie spiele ich mit dem Potenzial meiner Stimme und manage gleichzeitig mein Lampenfieber? Diese und viele weitere Fragen beantworte ich in diesem Buch.

**Meist haben wir nur gelernt, nach dem Prinzip „Leistung"
zu funktionieren und weniger nach dem Prinzip
„Wirkung", das jedoch mindestens genauso wichtig ist.**

Wenn Sie sich entschließen, den Weg zu Ihrer ganz individuellen Ausdrucksstärke mit mir zu gehen, ist Druck übrigens völlig unangebracht, denn auch Gras wächst nicht schneller, wenn man daran zieht und noch nie wurde jemand als Rhetorikkünstler geboren oder ist als Meister vom Himmel gefallen. Vielmehr geht es darum, Fähigkeiten zu entdecken und weiterzuentwickeln. Bedenken und Ängste zu überwinden und Aufgeregtheit zu bewältigen. Dabei hilft es, sich Know-how anzueignen, über das, was wirkt und das Gelernte tatkräftig umzusetzen, ohne sich durch Rückschläge entmutigen zu lassen.

Meine Mission ist jedenfalls, Ihre Qualität sichtbar zu machen, WERTvoll zu kommunizieren und WERTvoll mit Ihnen Ihren ganz persönlichen Erfolgsweg zu gestalten, der Sie innerlich glücklich macht und nicht erschöpft und ausgebrannt zurücklässt.

Keine Wirkung zu entfalten, ist unmöglich, denn wir wirken immer und unmittelbar. Daher entscheiden Sie besser, WIE Sie wirken wollen. Und dann wirken Sie – egal, ob im Kleinen oder im Großen, ob im Scheinwerferlicht oder vor der Homeoffice-Kamera, ob vor Mitarbeitenden oder Kund'innen, ob analog oder virtuell –, aber immer so, wie es Ihnen entspricht.

**Ihre Qualität sichtbar zu machen, WERTvoll zu
kommunizieren und mit Ihnen Ihren ganz persönlichen
Erfolgsweg zu gestalten, das ist meine Mission.**

Gern teile ich in diesem Buch meine Erkenntnisse und Erfahrungen aus den vielen Jahren auf der Bühne oder vor der Kamera und verrate Ihnen die wirksamsten Tipps & Tricks & Tools, die ich mithilfe der drei Bausteine der *I.P.R.-Formel* © erarbeitet habe. Am Ende werden Sie dann einen prall gefüllten und sehr nützlichen Handwerkskoffer zur Verfügung haben, denn ich möchte, dass Sie künftig auf Knopfdruck Best-leistungen abrufen können und dass Sie wissen, wie Sie heikle Situatio-nen meistern und sich in eine Aufwärts- statt eine Abwärtsspirale begeben können.

Es geht darum, auf Knopfdruck Bestleistungen abrufen zu können und zu wissen, wie sich heikle Situationen meistern lassen.

So nicht! Beim Präsentieren sollten Sie alle Sinne einsetzen!

Klarheit ist ein wesentlicher Schlüssel zum Erfolg:

Wenn Sie also die Chance hätten, Schritt für Schritt an Ihrer persönlichen Ausdrucksfähigkeit und Ausstrahlung zu arbeiten, was wäre Ihnen dabei am wichtigsten?

1. In der Lage zu sein, klare Kernbotschaften zu formulieren.

2. Aufgeregtheit und Lampenfieber managen zu können.

3. Sicherheit über die eigene Positionierung zu erlangen.

4. Eine wohlklingende Stimme zu haben und sie modulieren zu können, statt Monotonie und Singsang hervorzubringen.

5. Souverän und überzeugend zu wirken.

6. Schlagfertig, humorvoll und charismatisch sein zu können.

Mehrfachnennungen sind möglich. Zu allen sechs Themen finden Sie viele Anregungen in diesem Buch.

TIPPS & TOOLS

1

Stellen Sie auch Fragen? Fragen sind manchmal wichtiger als Zahlen, Daten und Fakten.

2. Das „I" der I.P.R.-Erfolgsformel ©–

„I" wie Inhalt

Das Mitteilungswerte finden – Perfektionismus managen –
Drei Kernbotschaften reichen – Über die Wirkmächtigkeit von Sprache –
Was am Ende zählt – Kommunikation ist weit mehr als nur Reden

Ich gehe davon aus, dass Sie die Themen, über die Sie sprechen wollen oder müssen, grundsätzlich kennen. Daher ist jetzt wichtig, wie Sie diese möglichst spannend aufbereiten. Das Gliederungsprinzip: Einleitung – Hauptteil – Schluss ist hier ein guter Anfang, welche Tipps & Tricks & Tools es darüber hinaus noch gibt, erfahren Sie jetzt.

Sollten Ihre Themen sehr komplex sein, dann überlegen Sie zunächst, was Sie selbst am meisten daran interessiert und fangen erst danach mit der Gliederung an.

Wenn Sie sich dabei immer wieder die Frage stellen: Was ist wirklich spannend und relevant, dann reicht zumeist der gesunde Menschenverstand aus, um auswählen und sortieren zu können.

Nach meiner Erfahrung besteht hier allerdings das Problem, dass die meisten fürchten, dass ihr eigenes Urteilsvermögen nicht ausreichend sei. Dabei gibt es kaum wirksameres. Erinnern Sie sich hier einfach an Punkt 2 der wichtigsten Wirkmechanismen: Identifikation wirkt stärker als Argumentation – die besten Argumente nützen nichts, wenn Sie als Person nicht überzeugen (s. Seite 15). Anders ausgedrückt: Fachidiot schlägt Kund'innen oder auch Zuhörende tot.

Eine bewährte Schrittfolge im Umgang mit Inhalten ist:

1. Fakten sammeln.

2. Das Besondere herausarbeiten und danach strukturieren.

3. Klären, worin der Kittelbrenn- oder Gänsehautfaktor besteht, denn: **Wissen ist viel wert, aber Gänsehautmomente sind WERTvoller.**

TIPPS & TOOLS

2

2.1 Wann beißt der Mann den Hund?

Das Mitteilungswerte finden

Es ist eine alte journalistische Weisheit, dass ein Hund, der einen Mann beißt, keine Meldung wert ist. Passiert allerdings das Gegenteil – ein Mann beißt einen Hund –, sorgt das für Aufmerksamkeit und jeder will der Erste sein, der diese Neuigkeit verbreitet. Dieses Beispiel verdeutlicht sehr gut, was wirklich MitteilungsWERT hat und es zeigt darüber hinaus: Wer sein Publikum erreichen möchte, sollte sich etwas einfallen lassen.

Kreative Einfälle und besondere Ideen kommen aber kaum auf Knopfdruck, denn Stress führt in unserem inneren System zu Blockaden und Scheuklappen, die unsere Möglichkeiten und die Freiheit unseres Geistes einschränken. Wenn kommunikative Herausforderungen zu meistern sind, hilft es daher, sich erst mal locker zu machen.

Bewegen Sie sich, hüpfen oder tanzen Sie, denn dann wird auch ihr Geist beweglich und kann seine Schwingen entfalten. Ja, legt womöglich sogar eine heiße Sohle aufs Parkett. Und sicher kennen auch Sie die berühmten Aha-Momente, die einem unter der Dusche zufliegen. Jedenfalls sollten wir nichts ungenutzt lassen, wenn es um unsere bestmögliche Wirkung geht.

Wirksam gegen Gedankendunst: Bewegung macht auch den Geist beweglicher.

Was wirklich mitteilenswert ist, wenn kommunikative Herausforderungen anstehen, zeigt sich meist erst, wenn wir uns locker machen.

Sammeln Sie doch zunächst – ähnlich wie bei einer Mindmap – alle Assoziationen, die Ihnen zu Ihrem Thema in den Sinn kommen. Das macht erstens mehr Spaß, als verkrampft vor dem Bildschirm oder dem Papier zu hocken und zweitens ist es immer wieder überraschend, welcher Ideenreichtum sich plötzlich einstellt.

Ich frage spaßeshalber auch manchmal meine Kinder, Kollegen oder die netten Nachbarn, was denen zu meinen Stichworten einfällt. Hier gilt es, eine falsche Scham abzulegen und in den kommunikativen Austausch zu gehen, anstatt sich wie ein Eigenbrötler zurückzuziehen und nur im eigenen Saft zu schmoren.

Um die Aufmerksamkeit der Zuhörerschaft zu erreichen, braucht es etwas, das Energie ausstrahlt und andere entzünden kann.

Das jedenfalls, was jeder sagen würde und was nicht wirklich spannend ist, also all jenes, was auch Sie nicht innerlich entzündet, werden Sie nicht mit der Energie an den Mann oder die Frau bringen können, die es braucht, um die Aufmerksamkeit Ihrer Zuhörerschaft zu erreichen.

1. Schon ein paar Minuten an der frischen Luft können für frischen Wind im Gedankendunst sorgen.

2. Vergessen Sie nie: Alles, was Ihnen bei der Vorbereitung Freude macht, wird höchstwahrscheinlich auch Ihr Publikum begeistern, denn Sie werden es mit Ihrer Begeisterung anstecken können.

3. Fragen Sie sich, ob Sie kommunikatives Junkfood servieren wollen, ein lauwarmes, schon x-mal aufgewärmtes Essen oder etwas, wonach sich ihr Gegenüber alle Finger abschleckt?

TIPPS & TOOLS

3

Nur eines muss ich an dieser Stelle klarstellen: Ein kommunikatives Gourmetmenü lässt sich nicht einfach so aus dem Ärmel schütteln. Es braucht dafür gute Zutaten, die sich ähnlich wie beim Kochen meist nur mit Aufwand zusammenstellen lassen. Und es braucht Hirnschmalz sowie Zeit zum Zubereiten. Kurzum, es ist schwerer getan als gesagt, denn „kürzer und würziger" dauert in der Vorbereitung von Inhalten oder Botschaften immer länger.

Irgendetwas irgendwie zu sagen, das kann jeder. Etwas auf den Punkt zu bringen, mit nur wenigen Sätzen den Nagel auf den Kopf zu treffen und so die gewünschte Wirkung zu erzielen, das ist eine hohe Kunst und basiert in der Regel auf intensiver Gedankenarbeit. Glauben Sie mir, ich rede da aus Erfahrung.

In der Kommunikationsküche braucht es Hirnschmalz und Zeit zum Zubereiten. „Well Done" und den Geschmack des Publikums zu treffen, ist durchaus eine Kunst.

Nicht selten kommt es vor, dass ich in etwa folgende Anfrage erhalte:

> *Liebe Frau Elis,*
> *wir haben eine Veranstaltung und da sollen Sie am Beginn 45 Sekunden begrüßen, dann viermal ca. 30 Sekunden zwischen den Rednern überleiten und dann noch mal 50 Sekunden Verabschiedung zum Schluss. Was würde das kosten?*

Der Subtext ist: Diese paar Sekunden können doch nicht so teuer sein – oder?

Am Beginn meiner Moderatorinnentätigkeit war ich über solche Anfragen irritiert, ja sogar sprachlos. Aber irgendwann erklärte ich – sehr zur Verblüffung meiner potenziellen Auftraggeber*innen –: *„Wissen Sie, ich bin kein Parkautomat. Wenn ich nur wenig Zeit habe, um etwas Schlaues zu sagen, dann wird das teurer, weil es in der Vorbereitung länger dauert."*

Meist verstand mein Gegenüber dann, dass die Herausforderung ist, selbst in kurzer Zeit, Relevantes zu sagen. Vielleicht kennen Sie ja auch das Zitat, das wahlweise Goethe, Voltaire, Twain oder Churchill in den Mund gelegt wird und tatsächlich von Blaise Pascal stammen soll: *„Ich schreibe dir einen langen Brief, weil ich keine Zeit habe, einen kurzen zu schreiben."*

Ich jedenfalls habe mich als Moderatorin nie nur als Sprecherin verstanden, die vorgefertigte Sätze vorträgt, sondern vielmehr als Quelle der Inspiration, die bei ihren Zuhörenden etwas bewirken will. Als diejenige, deren Aufgabe es ist, für die jeweilige Veranstaltung etwas Originelles herauszuarbeiten, das möglichst über den Tag hinaus in Erinnerung bleibt und als diejenige, die eine passende Atmosphäre schafft und den bestmöglichen Rahmen bietet, in dem sich sowohl die Vortragenden als auch das Publikum wohl- und angeregt fühlen können.

Das Finden weniger, aber maßgeschneiderter Sätze ist nicht selten sehr aufwendig und manchmal verlangt es die Situation vor Ort sogar, flexibel zu sein und auch mal vom Konzept abzuweichen, um auf Unvorhersehbares reagieren zu können. Dabei hilft eine gründliche Vorbereitung, die über die reine Beschäftigung mit Inhalten hinausgeht, denn je mehr Sie sich vorab – gern auch spazierend, hüpfend, tanzend oder duschend – mit einer Sache oder Situation und dazu auch noch mit sich selbst als Persönlichkeit auseinander- und in Beziehung gesetzt haben, desto besser wird es Ihnen gelingen, in jeder Hinsicht präsent und spontan zu sein.

> **Wer eine Quelle der Inspiration sein will, sollte sich nicht nur mit der Sache und Situation, sondern auch mit sich selbst auseinandersetzen.**

Es ist vergleichbar mit dem aufwendigen Köcheln einer Essenz, die nach einem längeren Arbeitsprozess als aromatisches Konzentrat übrig bleibt, ohne dass die einzelnen Zutaten und Bestandteile noch zu sehen sind, aber jeder kann das Gehaltvolle schmecken und genießen.

Man könnte meinen, das alles sei selbstverständlich. In meinen Kommunikations- und Medientrainings mache ich aber sehr oft die Erfahrung, dass selbst Spitzenleute mit Textvorlagen kommen, die so was von verquast sind, dass ich nur fragen kann: Wie bitte kommen Sie denn darauf? Und was bitte, wollen Sie eigentlich mitteilen?

Das wirkt oft wie ein Wachrütteln und die Beteiligten fragen sich dann nicht selten selbst, wie sie auf diesen verqueren Quark gekommen sind. Wie es ihnen passieren konnte, solche Sätze aufzuschreiben.

> **Die Erfahrung in meinen Kommunikations- und Medientrainings zeigt, dass selbst Spitzenleute mit Texten kommen, bei denen ich nur fragen kann: Wie bitte kommen Sie denn darauf?**

Wobei zur ganzen Wahrheit gehört, dass es oft die Assistent*innen oder Referent*innen sind, die solche Vorlagen und Entwürfe schreiben, meist in dem Bemühen, alles richtig zu machen. Wer aber vor allem alles richtig oder perfekt machen möchte, wird irgendwann mit der Feile in der Hand sterben. Was dabei völlig außer acht gelassen wird, sind sämtliche Wirkmechanismen, die aus den richtigen Inhalten erst eine überzeugende Performance machen.

Erst wenn ich klare und relevante Botschaften habe, kann ich mich um deren Inszenierung kümmern und um die Resonanz mit dem Publikum. → *s. Kapitel 3 ab Seite 57*

Bereits zwei kurze Fragen helfen Ihnen, sich auf jede Kommunikationssituation entsprechend vorzubereiten, * das gilt selbst für einen bierernsten (Fach-)Vortrag:

1. Ist das, was Sie meinen, mitteilen zu müssen, überhaupt interessant und relevant?

und

2. Wenn ja, wie könnten Sie es originell verpacken?

Alles, was diesen beiden Fragen nicht standhält, können Sie getrost dem Papierkorb übereignen. Denn haben Sie wirklich etwas zu sagen, dann verpacken Sie es möglichst attraktiv. Falls nicht, ist es besser, zu schweigen oder noch mal neu nachzudenken.

 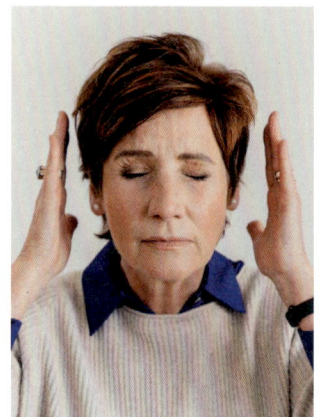 

Wenn wirksame Worte fehlen, hilft Körpersprache

2.2 Mit der Feile in der Hand sterben?

Perfektionismus managen

Ein Publikum, das von ganzem Herzen berührt ist von einer Präsentation, die auch noch Überzeugungskraft hat – wann haben Sie so was das letzte Mal erlebt und was hat das mit Ihnen gemacht?

Für mich ist es jedes Mal faszinierend, wenn es jemand schafft, mich mit seiner Ausstrahlung anzustecken und mit einem Feuerwerk an Gedanken aus meiner Alltäglichkeit und Komfortzone herauszulocken. Zugleich ist es auch der Anspruch, den ich an meine eigene Performance als Moderatorin vor der Kamera oder auf der Bühne stelle. Aber das verlangt Mut. Mut, sich ganz und gar auf sein Publikum oder Gegenüber einzulassen, ja auszuliefern und hinzugeben. Wie aber ist es möglich, sich dermaßen zu öffnen und alle Bedenken und Ängste hinter sich zu lassen?

Ausstrahlung verlangt Mut. Frei nach Nelson Mandela ist Mut nicht die Abwesenheit von Angst, sondern deren Überwindung.

Was uns dabei am meisten sabotiert, sind unsere inneren Kritiker und Antreiber. Bei erfolgsorientierten Menschen ist es häufig der Perfektionismusanspruch, der an oberster Stelle steht.

Ich weiß, wovon ich spreche, auch bei mir hat er die Poleposition dicht gefolgt von „Sei schnell!" und „Sei stark!". Und Sie merken sicher, auch wenn wir uns in Kapitel eins schwerpunktmäßig mit „I" wie „Inhalt" auseinandersetzen, geht das nicht ganz ohne einen Blick auf unsere Persönlichkeitsstruktur. Anders formuliert: Sie sollen und dürfen natürlich an Ihren Inhalten feilen, aber wenn es zu Lasten Ihrer Ausstrahlung und Wirkung geht, wird es problematisch. Das ist die Grenze, für die ich Sie sensibilisieren möchte.

Stressoren wie Kritiker oder Antreiber verinnerlicht zu haben, ist an sich noch kein Problem. Ganz im Gegenteil, oft sind gerade sie die Basis für das Erreichen von Erfolgen und es ist wichtig, dafür dankbar zu sein und die Stressoren für ihre Leistungsbereitschaft und ihr Qualitätsbewusstsein wertzuschätzen. Hinderlich werden sie aber, wenn wir unsere inneren Kritiker und Antreiber nicht kennen und ihnen hilflos ausgeliefert sind, statt ihnen ihren Platz zuzuweisen.

TIPPS & TOOLS

5

Die fünf bekanntesten Antreiber sind:

1. **Sei perfekt!**   Was bedeutet, es ist noch nicht gut genug.

2. **Sei beliebt!**   Was bedeutet, mache es möglichst allen recht.

3. **Sei stark!**   Was bedeutet, keine Schwäche zeigen.

4. **Streng dich an!** Was bedeutet, es darf nicht leicht sein.

5. **Sei schnell!**   Was bedeutet, es darf keine Zeit kosten.

In den meisten Fällen steckt hinter solchen verinnerlichten Glaubenssätzen das tief sitzende Gefühl, nicht genügen zu können.

Erstaunlicherweise zeigt es sich bei meiner Arbeit als Coach und Medientrainerin immer wieder, dass selbst Menschen, die ganz oben angekommen sind, insgeheim sabotierende Gedanken und Gefühle in sich tragen, meist ohne sich dessen wirklich bewusst zu sein. Es ist ein wenig wie bei dem Hasen und dem Igel: Egal wie sehr wir uns anstrengen und beeilen, die piecksenden Stacheltierantreiber sind immer schon da.

Auf dem Karriereweg dienen solche inneren Kritiker oder Antreiber dazu, die eigenen Bedürfnisse und Sehnsüchte hintanzustellen, um stets bestens funktionieren zu können. Kommen dann Kinder und eine Familie dazu, passiert meist genau dasselbe, auch diese müssen sich hintanstellen. Antreiber wie „Du musst erst noch dies oder jenes erledigen" oder „Du musst dich noch mehr anstrengen" oder „Das ist noch nicht gut genug" sind dann tagtägliche Begleiter, die eine außergewöhnliche Leistungsfähigkeit ermöglichen. Die Frage ist nur, zu welchem Preis?

Sind wir uns unserer inneren Antreiber nicht bewusst, hecheln wir getrieben in einem Hamsterrad, das sich unerbittlich weiter und weiter dreht und werden über kurz oder lang erschöpft sein, womöglich beginnen, uns und unsere Arbeit zu hassen, unsere Familie zu ruinieren und dabei nie volle Souveränität oder gar innere Erfüllung erlangen.

Je mehr wir ins Licht der Öffentlichkeit rücken, desto mehr potenzieren sich nach meiner Erfahrung die inneren und äußeren Kritiker. Dann sagen wir plötzlich nicht mehr, was wir fühlen, wissen oder denken, sondern befürchten, dass wir oder unsere Gedanken nicht passend genug sind und verbiegen und verdrehen uns manchmal bis zur Unkenntlichkeit.

Der Erfolg einer solchen Strategie ist allerdings begrenzt, was die vielen Burn-outs oder Karriereabbrüche in der Lebensmitte zeigen. **Mehr Schein als Sein ist kein nachhaltiges Wirkungskonzept.**

Wer seine Antreiber nicht kennt, wird nie die volle Souveränität erlangen und wer mehr auf Schein statt Sein setzt, lebt gefährlich.

Auf Dauer ist es wirksamer, möglichst authentisch zu sein und mit sich im Einklang, weil Sie immer dann am überzeugendsten sind, wenn Sie sagen, was Ihnen tatsächlich entspricht.

Wichtig ist dabei natürlich die Frage, ob Sie es sich leisten können, selbst zu denken und in Ihrer eigenen Art und Weise zu sprechen. Wird es der Rolle gerecht, die Sie eingenommen haben oder dem Auftrag, den Sie erledigen müssen?

Ein Vorstands- oder Pressesprecher*in, der Mitarbeitende eines Unternehmens oder Abgeordnete einer Partei haben nun mal im jeweiligen Sinne zu agieren und da ist die persönliche Meinung nicht unbedingt gefragt. Also können sie meistenteils nicht einfach so reden, wie ihnen der Schnabel gewachsen ist.

Auch Luftikusse oder Scherzbolde sind in solchen Positionen eher eine Fehlbesetzung. Geht es um öffentliche Anliegen oder Unternehmensnachrichten, steht die seriöse Anmutung im Vordergrund, weil sonst ein möglicherweise nicht mehr einzuholender Imageschaden droht.

Dadurch erklärt sich auch der Druck, der auf uns lasten kann, wenn wir herausgefordert sind, öffentlich zu sprechen, und daraus wiederum wächst der Perfektionismusanspruch, der für erfolgsorientierte Menschen, wie auch ich es bin, meist maßgebend ist. Aber er darf nicht alles dominieren.

Soll ich zum Beispiel zu einem Thema moderieren, mit dem ich erst mal gar nicht viel anfangen kann, tue ich nicht mehr so als ob mich das interessiert, sondern frage erst mal, was genau daran für mich wirklich spannend sein könnte. Für was könnte es gut sein? Das ist die Fährte, die mich dann letztlich immer zum Erfolg geführt hat, denn erst wenn ich die richtige Energie habe, kann ich Glaubwürdigkeit ausstrahlen und bin nicht nur eine farblos wirkende Ansagerin.

Am Beginn des Vorhabens, wirksamer werden zu wollen, braucht es immer eine Selbstklärung. Nur wenn Sie sich, Ihre Rolle und Aufgabe sowie Ihre Stärken und Schwächen kennen und Ihre Werte und Wünsche, können Sie sich selbst treu bleiben und Ihre Potenziale voll und mit Freude entfalten.

Selbstklärung steht am Beginn jeder Veränderungsarbeit.

Nur wer sich mit der eingenommenen Rolle wirklich identifizieren kann und sie guten Gewissens ausfüllt, hat die Chance, überzeugend zu sein. Ist dies nicht der Fall, werden uns innere Zweifel zermürben und wir werden an Erwartungshaltungen scheitern – an denen, die wir in uns tragen oder an denen, die andere an uns stellen. Und genau dann kann uns das Regime aus Kritikern und Antreibern erfolgreich einreden, dass wir noch besser oder irgendwie anders sein müssten und schon kommt uns unsere ganz natürliche Wirkmächtigkeit abhanden.

Natürlich ist im beruflichen Kontext immer Professionalität gefragt und das, was Sie sagen, sollte selbstverständlich Hand und Fuß haben und durchdacht sein. Es lohnt sich auch, an einer Botschaft so lange zu arbeiten, bis Sie sie – verständlich und attraktiv – auf den Punkt bringen können, was in der Folge Ihr Publikum überzeugen wird oder gar begeistern. Aber wer allzu lange an etwas herumfeilt, der kann auch mit der Feile in der Hand sterben.

Bevor das passiert, sollten Sie sich dann doch lieber mal auf die Bühne oder vor die Kamera wagen und Ihre Wirkung austesten. Wäre doch schade drum, würden Sie die Welt um Ihr Talent oder Ihre Mission bringen, oder?

Tatsache ist, es gibt überall mehr „unperfekte" als perfekte Performer, Sie sind also mit Ihrem Nicht-perfekt-Sein in guter Gesellschaft.

Erstaunlicherweise aber beruhigt dieses Wissen allein offenbar noch nicht. Deshalb lohnt es sich, so meine Erfahrung, sich erst mal selbst ein entlastendes: *Ich bin ok, so wie ich bin* von innen heraus zuzusprechen. Ansonsten läuft bei jedem Auftritt ein sabotierendes „ABER" mit, so was wie *Das war zwar schon ganz ok, aber …"*.

In meinen Anfangszeiten als Moderatorin hat mich so ein „ABER" wie ein Energieräuber verfolgt und es wurde genährt von den Erinnerungen an die vergifteten Bewertungen mancher Lehrer*innen in meiner Schulzeit, die einem mageren Lob unmittelbar hinzufügten, dass es trotzdem noch nicht ausreiche.

Die Folge: Obwohl die Zuhörerschaft in den allermeisten Fällen wohlwollend statt missgünstig ist, hält mich dieses Wissen nicht davon ab, mir vor einer Präsentation trotzdem kleinere oder größere Horrorszenarien des persönlichen Scheiterns vorzustellen.

**Ein ständiges „ABER" läuft als Energieräuber mit,
obwohl es weit mehr unperfekte als perfekte Performer
gibt und das Publikum meist wohlwollend ist.**

In meinen über 25 Jahren als Moderatorin und Coach für „Kommunikation & Erfolg" habe ich kaum jemanden erlebt, der beruflich herausgefordert war, sich zu präsentieren und der dann tatsächlich versagt hätte oder sich bis auf die Knochen blamiert. Ich habe aber etliche Klienten und selbst Spitzenkräfte erlebt, die sich von derartigen Befürchtungen in Schach halten ließen und mir gleich beim Beginn unserer Zusammenarbeit davon berichteten. Hier zeigt sich, wie groß der Zwiespalt zwischen Selbst- und Fremdwahrnehmung zuweilen sein kann und wie wichtig es ist, beides in eine gute Balance zu bekommen.

Die meisten Menschen sind absolut dazu in der Lage, die Herausforderungen, die Ihnen begegnen, zu bestehen - wenn auch mal besser und mal schlechter. Aber das Schreckgespenst der Angst, das in uns spuken und sein Unwesen treiben kann, raubt uns unsere Selbstsicherheit und schließlich unser Selbstbewusstsein.

In der Folge feilen wir im Übermaß an dem, was wir in der Hand haben, um es noch perfekter zu machen und verunsichern uns dabei selbst mit unserer Zögerlichkeit und unserem Zweifeln. Dann meinen wir, schwindelerregende Hochhäuser aus komplizierten Satzkonstruktionen bauen zu müssen und suchen nach Unmengen von Zahlen, Daten und Fakten, um mit Wissen zu beeindrucken statt mit unserer Persönlichkeit. Wissen, das die Zuhörerschaft nicht selten überfordert oder sogar einschläfert. Dann wird das Publikum mit Textlawinen überrollt und ganz nebenbei wird auch noch vergessen, dass Schreibsprache und Sprechsprache zwei sehr unterschiedliche Paar Schuhe sind.

**Das Streben nach Perfektion macht uns meist schlechter
statt besser und raubt uns Selbstbewusstsein.**

Bei dem Bemühen, möglichst perfekt zu sein, werden wir am Ende meist schlechter und nicht besser. Dennoch zeigen meine Erfahrungen mit vielen High Potentials, dass ausnahmslos alle ein Problem mit dem Perfektionismus haben. Perfekt sein zu wollen, wirkt auf den ersten Blick wie ein Erfolgsgarant, was aber ein Trugschluss ist, eine durchaus verführerische Schimäre, letztlich eine Wahrnehmungstäuschung, auf die zumindest Sie nicht mehr hereinfallen sollten. Das können Sie getrost ihrem Mitbewerber überlassen.

Ähnlich ist es übrigens mit der Angst, sich lächerlich zu machen. Auch die kommt in meinen Coachings und Trainings mit Erfolgsorientierten oft vor. Dabei ist das tatsächliche Defizit zumeist, überhaupt mal eine Emotion zu zeigen. Die meisten Spitzenleute, die vor anderen oder öffentlich reden sollen, verlieren plötzlich ihre natürliche Lockerheit und verwandeln sich, so wie ich früher, in ernste Gestalten, denen auf dem Weg zur Bühne, vor die Kamera oder in die Chefetage scheinbar ihre Gefühle abhandengekommen sind. Das sehe ich dann meistens schon an der Körperhaltung und am Gang, die Vitalität vermissen lassen. Nicht zuletzt liegt das natürlich daran, dass sie während ihrer Laufbahn gelernt haben, ihre Gefühle zu unterdrücken oder nicht mehr darauf zu achten.

Das Defizit ist zumeist, überhaupt mal Emotionen zu zeigen.
Dabei sind Gefühle ein Nährstoff für die Seele des Publikums.

Erwiesen ist: EQ triumphiert über IQ – will heißen: Wichtiger als alles perfekt vorzutragen ist, welches Gefühl bei meinem Publikum entsteht.

TIPPS & TOOLS 6

Sagen Sie „NO" zum Perfektionismus, aber „YES" zur Professionalität.

Zwei kurze Fragen können helfen, herauszufinden, wie es tatsächlich besser geht, ohne dass Sie sich verbiegen müssen:

1. Wie wirkt das, was Sie sagen wollen? Hand aufs Herz – entspricht es Ihnen wirklich?

2. Wie könnten Sie es für sich passender und mit Ihren eigenen, nicht gestelzten Worten ausdrücken?

Im Journalismus oder für die Arbeit vor der Kamera gibt es den Tipp, sich „die Oma in Hintertupfingen" vorzustellen und sich zu fragen, würde die verstehen, was ich meine und mir begeistert oder zumindest interessiert an den Lippen hängen?

Wie oft habe ich trotzdem Veranstaltungen erlebt, bei denen drei bis fünf Würdenträger gleich zu Beginn mit derselben zwar korrekten, aber langatmigen Begrüßung aufwarteten und sich dabei wie Maschinen benahmen, die keine Ohren haben, sondern lediglich ein Programm abspulen, ohne mitzubekommen, dass der Vorredner oder die Vorrednerin schon Ähnliches gesprochen haben. Kein Wunder, dass so etwas unlebendig und uninspiriert rüberkommt und keinen vom Hocker reißt. Übrigens, wer seine Performance dermaßen startet, wird meistens auch im Verlauf nicht besser, denn es fehlt hier offenbar das Gespür für das eigene Verhalten oder der Mut, sich anders als automatenhaft zu präsentieren.

Genau genommen handelt es sich sogar um eine Missachtung der Zuhörerschaft, weil deren Lebenszeit mit schon dreimal Durchgekautem vergeudet wird. So wie es auch eine Beleidigung für unser Gegenüber ist, einen langweiligen Vortrag zu halten und dabei Interesse an einer gewinnbringenden Kommunikation nur vorzutäuschen. Das klingt womöglich hart in Ihren Ohren, aber mich machen schlechte Präsentationen durchaus auch wütend, weil ich weiß, dass es jeder besser kann, allein schon dadurch, dass die *I.P.R.-Erfolgsformel* © beachtet wird.

Ich erinnere an dieser Stelle an textlastige Powerpoints, die keinerlei Power haben, sondern zum „betreuten Lesen" animieren oder an Foliendaumenkino, das in der Regel wenig erheiternd ist. Hier braucht es tatsächlich die viel beschworene Achtsamkeit und mehr persönliches Wagniskapital für alle, die vor Publikum etwas sagen wollen. Mut, sich dem zu stellen, was ist und was Ihr natürliches Urteilsvermögen dazu sagt. Nicht nur in der Wirtschaft und Wissenschaft, auch in der Politik ist mehr Lebendigkeit gefragt statt Technokratentum und Kopfgeburten.

> **Langweilig zu präsentieren, ist eine Missachtung der Zuhörerschaft, deren Lebenszeit vergeudet wird. Es braucht hier mehr Achtsamkeit und Wagniskapital.**

Im Übrigen: Menschen mit Charisma passiert das nicht. Die wären sich schlicht zu schade, nur das wiederzugeben, was schon andere vorgetragen haben oder stur daran festzuhalten, was im Manuskript geschrieben steht. Die würden ihre Rede immer an den Moment und das Hier und Jetzt anpassen.

→ s. 4. Kapitel Charisma, Seite 144

Aber sicher haben auch Sie schon Kongresse oder Tagungen erlebt, Jubiläen oder Firmenevents, bei denen Redner vom Hölzchen auf Stöckchen kommen oder eigentlich schon alles gesagt worden ist, nur eben noch nicht von allen und deshalb alles noch mal breitgetreten wird. So wird Wirkungskraft verschenkt.

Das alles ist falsch verstandener Perfektionismus mit dem Grundmotiv dahinter, bloß nichts falsch zu machen und unbedingt auf Nummer sicher zu gehen, ja alles unter Kontrolle haben zu wollen. Wer das und nicht sein eigenes Wirkungspotenzial an die erste Stelle setzt, wird immer eine nicht unerhebliche Portion Ausdruckskraft verschenken, in tausend Sicherheitsseile verstrickt sein und damit im Spielraum der eigenen Ausdrucksfähigkeit eingeschränkt, ähnlich wie der mit vielen Stricken gefesselte Gulliver im Land der Zwerge.

Kontrollverhalten – auch uns selbst gegenüber – erzeugt immer Misstrauen, selbst wenn sich das kaum wahrnehmbar und nur in einer diffusen Distanzierung zeigt, so bringt es doch unser Gegenüber auf Abstand, statt eine Sogwirkung zu entfalten.

Wer versucht, sich mit tausend Sicherheitsseilen abzusichern, schränkt seine Ausdrucksfähigkeit und Wirkung ein.

Mit Perfektionismusanspruch und Kontrollmanieren werden Sie es nie schaffen, wirklich souverän zu wirken, denn allein schon der Versuch, nahezu vollkommen sein zu wollen, birgt bereits die Gefahr, dass Sie Ihre menschliche Natürlichkeit verlieren. Damit kann und will sich am Ende kein Zuhörender mehr identifizieren. Die Regel lautet aber: Identifikation wirkt stärker als Argumentation. Zudem ist nicht zu vernachlässigen, dass Perfektion oft sogar Aggressionen weckt.

Falsch verstandener Perfektionismus hat zudem die Anmutung von kühler Künstlichkeit. Sich stattdessen mit der ureigenen Lebendigkeit als Mensch mit Herz und Blut zu zeigen, bringt beim Publikum mehr als ein messerscharfer Verstand. Gehen Sie also lieber ein Wagnis ein, als steril wie in einem emotionalen Schutzanzug zu agieren.

Mit zwei Erlebnissen aus meiner Vergangenheit möchte ich veranschaulichen, wie ein Einlassen auf das „Nicht-Perfekte" Positives bewirken kann:

Als ich noch für 3sat das Wissenschafts- und Zukunftsmagazin „nano" moderierte, das in Mainz direkt neben dem ZDF-Gelände produziert wird, wurde ich eines Tages eingeladen, ein großes Event des Klinikbetreibers „Helios" in Berlin zu moderieren. Eine Veranstaltung mit mehreren tausend Leuten.

Dafür kaufte ich mir extra superschicke Moderationsbekleidung und packte sie vorsorglich in einen Koffer, damit sie unversehrt und knitterfrei ankommt. Doch der Flieger in Frankfurt am Main hob nicht pünktlich ab und schließlich kam es zu einer gigantischen Verspätung. Mein zunehmend nervös werdender Blick auf die Uhr zeigte mir, dass ich keine Chance mehr haben würde, mich so wie geplant vor Ort umzuziehen und zu stylen.

Endlich in Berlin angekommen, hatte ich nur noch die Wahl, entweder sofort und in meinen Alltagsklamotten auf die Bühne zu gehen oder meine Moderation zu verpassen. Weil ich schon Jahre zuvor sehr gute Erfahrungen mit dem „JETZT oder NIE" gemacht hatte – davon gleich mehr – entschied ich mich, so wie ich war – also nicht perfekt geschminkt und gestylt – vor das Publikum zu treten. Allerdings nicht, ohne den Anwesenden davon zu berichten, was ich erlebt hatte und mich dafür zu entschuldigen, dass ich nicht so feierlich gekleidet war, wie ich es gern gewesen wäre.

Und was soll ich Ihnen sagen, als ich erklärte, dass ich die Wahl gehabt hatte, schick, aber viel zu spät zu kommen oder eben so auf die Bühne zu gehen, wie ich nun mal angezogen war – mit Jeans und Hoodie, was erst später bei Vorständen in Mode gekommen ist, die sich einen Hauch von Silikon Valley verpassen wollen –, da johlte das Publikum und stampfte sogar anerkennend mit den Füßen für meinen Mut, mich so zu zeigen, wie ich in dem Moment nun mal war.

> *Das Publikum johlte und stampfte anerkennend mit den Füßen,*
> *weil es die Bereitschaft und den Mut wahrgenommen hatte,*
> *sich auf das Nicht-Perfekte einzulassen.*

Ich werde dieses Erlebnis nie vergessen, weil es mich wirklich Überwindung gekostet hat, mich nicht hinter einer tollen Fassade aus Maske und Styling zu verstecken. Es gab danach nur wenige Momente, die diese außergewöhnliche Energie versprüht haben und in denen ich so viel Nähe zwischen mir und meinen Zuhörenden spüren durfte.

So eine Situation lässt sich natürlich kaum künstlich inszenieren. **Jedoch bin ich mir sicher, dass jeder in seinem Leben Momente hat, in denen ein „JETZT oder NIE" zu entscheiden ist und es ansteht, über den eigenen Schatten zu springen, das Nicht-perfekt-Sein zu akzeptieren, die Komfortzone hinter sich zu lassen und etwas Ungewöhnliches zu wagen.**

Etwas zu riskieren, bringt Sie weiter: Wählen Sie das „JETZT oder NIE" und seien Sie ganz in diesem Moment präsent.

Es ist auch nicht schlimm, wenn nach solch einem Höhepunkt eine Talfahrt kommt. Schlimm ist nur, wenn Sie sich nicht erneut auf den Weg machen, weil immer ein nächster Berg mit spektakulärer Aussicht ruft und zu erklimmen ist. Wetten, dass?

TIPPS & TOOLS 7

Das zweite Erlebnis möchte ich schildern, weil ich öfter gefragt werde, wie es zu schaffen ist, nicht nur erfolgreich vor der Kamera oder auf der Bühne zu sein, sondern auch noch so entspannt im Umgang mit prominenten Menschen wie dem Bundespräsidenten oder Schauspielstars. Ich meine, auch hier kommt die Bereitschaft zum Risiko ins Spiel und die Offenheit, sich auf das Unbekannte und „Nicht-Perfekte" einzulassen und dann das Beste daraus zu machen.

Initial war für mich folgendes Erlebnis. Im Jahr 1988, als die innerdeutsche Grenze mit Selbstschussanlagen zwischen DDR und BRD noch stand, traf ich die sehr folgenschwere Entscheidung, als Republikflüchtling meine Heimat zu verlassen und in den Westen zu gehen. Auch das war eher spontan, denn ich hatte völlig unerwartet für nur drei Tage die Erlaubnis und den Reisepass in die Hand gedrückt bekommen, um nach Westdeutschland reisen zu können. Das war ansonsten nur Rentnern oder Schwerstkranken erlaubt, die man gern gehen ließ, weil sie die Sozialkassen belasteten.

Vom Glück überwältigt, weil ich schon so viele Jahre davon geträumt hatte, die für mich düstere DDR, dieses Land der Bespitzelung und Unfreiheit verlassen zu können, fühlte ich mich zunächst völlig überfordert und wusste gar nicht, wie ich damit umgehen und was ich auf diese Reise mitnehmen sollte.

Schließlich ließ ich alles stehen und liegen und stieg in den Zug, um möglichst keinen einzigen Augenblick meiner plötzlichen Option auf Freiheit zu verpassen. Kaum in Westdeutschland angekommen, stellte sich die schwerwiegende Frage: Gehe ich wieder nach Ost-Berlin und hinter die Mauer zurück oder bleibe ich mit nichts als einem Köfferchen in der Fremde? Eine Fremde, die mir als Kind im Staatsbürgerkundeunterricht vielfach als „Land des Klassenfeinds" und als „Ausbeutersystem" beschrieben worden war.

Es war keine Entscheidung, die ich rational treffen konnte. Jede Checkliste mit Pro und Kontra scheiterte daran, dass es normalerweise unmöglich ist, seine Familie, seine Freunde und die eigene Wohnung, in der sich alle meine persönlichen Sachen befanden und in der ich zu Hause war, von einem Tag auf den anderen hinter sich zu lassen. Auch hier blieb letztlich nur die Wahl zwischen: „JETZT oder NIE".

Es treibt mir heute noch Tränen in die Augen und zugleich ein Lächeln ins Gesicht, wenn ich daran denke, wie ich seinerzeit von morgens bis abends den gleichnamigen Song von Herbert Grönemeyer auf einem Walkman hörte, den ich just am ersten Tag meiner Westreise geschenkt bekommen hatte und wie ich dann getragen von dieser Musik das „JETZT" wählte.

Im Nachhinein weiß ich, dass dies nicht nur eine der wichtigsten Entscheidungen meines Lebens war, es war auch eine meiner besten und das, obwohl sie voller Risiko und ohne Rückfahrkarte getroffen werden musste und im Übrigen auch ohne jegliche Sicherheiten.

Ich habe mich damit weit über meine Komfortzone hinausgeschleudert und musste kämpfen. Kämpfen für eine Wohnung. Kämpfen für finanzielle Unterstützung, um mir etwas zum Essen leisten zu können. Dann kämpfen für einen Studienplatz. Aber nachdem ich so weit gekommen war und die Mauer der Unfreiheit überwunden hatte, konnte mich nichts und niemand mehr aufhalten. Es gab Hindernisse zu überwinden und viel Unbekanntes zu bewältigen, aber ich war nicht mehr zu bremsen – jedenfalls nicht auf Dauer.

Kaum ging am 9.11.1989 die Mauer auf, zog es mich weiter in den Westen und ich eroberte New York, dann Paris und Teile der Welt, die mir zu DDR-Zeiten unzugänglich waren.

Das war manchmal hart, aber bereut habe ich es „NIE". Selten habe ich meine eigene Selbstwirksamkeit dermaßen deutlich wahrnehmen können und das hat mich zugleich vorbereitet und gestählt für alles, was danach noch auf mich zukommen sollte.

In herausfordernden Momenten eröffnet sich die Möglichkeit, die eigene Selbstwirksamkeit wahrnehmen zu können.

Wer auf solche Referenzerfahrungen bauen kann, den kann kaum noch etwas umhauen. Deshalb sind Krisen so wichtig, denn wir können in ihnen erfahren, was tatsächlich in uns steckt und wir können größer, stärker und selbstbewusster daraus hervorgehen.

Dieser Auszug aus dem Liedtext von Grönemeyer erscheint mir übrigens auch heute noch aktuell:

„Nächtelang nachgedacht,
Jahrelang überwacht,
Tausendmal aufgegeben,
Alles falsch, ich will nur leben.
Jetzt oder nie,
Jetzt oder nie mehr,
Jetzt oder nie.
Wascht ihr nur eure Autos.

Kämpfen für ein Land,
Wo jeder noch reden kann,
Herausschreien, was ihm weh tut,
Wer ewig schluckt, stirbt von innen.
Jetzt oder nie,
Jetzt oder nie mehr,
Jetzt oder nie.
Wascht ihr nur eure Autos.
Es tut so gut,
Wenn dir die Seele brennt,
Du auf die Straße rennst
Und du zeigst, es geht dir nicht gut.
Dass dir der Kopf zerspringt
Und du weißt, dass du was tun musst.

Das Fernsehen redet uns tot,
Pflanzen sterben an Atemnot,
Wir warten immer zu lange.
Die Zeit rennt weg,
Wir müssen's angehen.
Jetzt oder nie,
Jetzt oder nie mehr,
Jetzt oder nie.
Wascht ihr nur eure Autos."

„JETZT oder NIE" kann zu einem Schlachtruf im Leben werden.
Es wäre allerdings für mich auch nicht verkehrt, resümierend
zu sagen: Manchmal muss man zu seinem Glück gezwungen
werden und sich zwingen lassen.

Präsentieren ist wie ein Sprung vom 10-m-Turm: Es braucht Überwindung und ein sich in die Situation hinein fallen lassen. Mit etwas Routine lässt sich so ein Sprung auch genießen.

JETZT ODER NIE!

ONLINE

BÜHNE

KAMERA

AUSDRUCK MACHT
EINDRUCK, DIE FRAGE
IST NUR, WELCHEN?

2.3 Aller guten Dinge sind wie viel?

Drei Kernbotschaften reichen

Meine jahrelange Erfahrung auf der Bühne und vor der Kamera hat mich gelehrt: **Die Würze liegt tatsächlich in der Kürze.** Selbst wenn Sie noch sehr viel zu sagen hätten, mehr als drei Kernbotschaften kann nachweislich kaum ein Zuhörer erfassen.

Nicht umsonst durchzieht die Dreierstruktur so vieles, was uns einmal ans Herz gelegt worden ist: Sei es die Gliederung in „Einleitung, Hauptteil und Schluss" oder die Tageseinteilung in „morgens, mittags und abends". Sei es die Trias aus „Vergangenheit, Gegenwart und Zukunft" oder das Konzept von „Körper, Geist und Seele" und nicht zu vergessen, die heilige Dreifaltigkeit „Vater, Sohn und Heilger Geist".

Überfordern Sie also Ihr Publikum nicht, indem Sie es mit trockener Theorie traktieren, anstatt mit drei überzeugenden Botschaften aufzuwarten, deren Klarheit herauszuarbeiten ja eigentlich schon schwer genug ist.

Wie oft habe ich zur Vorbereitung auf eine Moderation oder auf ein Medientraining stapelweise Unterlagen bekommen, ohne dass aus ihnen hervorgegangen wäre, was die wichtigsten Anliegen sind, geschweige denn das Besondere. Erst wenn ich genau das im persönlichen Gespräch oder Telefonat erfragt hatte, kamen plötzlich überzeugende Kernbotschaften auf den Tisch, weil es dann keine Kopfgeburten von Schreibtischtätern mehr waren, sondern Aussagen für mich, ein konkretes menschliches Gegenüber.

Das Wesentliche des eigenen Engagements auszudrücken, ohne herum zu lavieren, ist offenbar gar nicht so einfach. Vielleicht deshalb, weil es Entscheidungsstärke und Haltung verlangt, aber auch Konzentration und Fokus.

Bei den Inhalten gilt ganz anders als in der Mathematik: WENIGER = MEHR – zumindest wenn Sie Ihr Publikum bei Laune halten wollen. Verzichten Sie also besser darauf, sich als wandelndes Fachbuch profilieren zu wollen, denn schließlich sind Sie nicht mehr in der Schule beim Leistungstest, sondern es geht um Ihre bestmögliche Wirkung.

> Das „Bei-Laune-halt-Gesetz" beim Präsentieren lautet:
> „WENIGER = MEHR". Es verlangt Konzentration und Fokus,
> aber auch Haltung und Entscheidungsfreude.

Gern verrate ich Ihnen an dieser Stelle mein persönliches Motto, mit dem ich in jeden Auftritt starte: Meine Zuhörenden sollen am Ende bedauern, dass es schon vorbei ist, anstatt gelangweilt auf die Uhr zu schauen. Nehme ich ein Gähnen oder Unruhe im Publikum wahr, läuten bei mir sofort alle Alarmglocken. Dann ist es höchste Zeit für eine Unterbrechung oder Aufmunterung á la: „Können Sie noch?"

Was aber macht die drei Kernbotschaften aus, mit denen ich durch jede Performance komme? Diese drei sind so zentral und von uns selbst so durchdrungen worden, dass wir sie aus dem Herzen heraus sprechen können und NIE, wirklich niemals ablesen müssen. Sie sind so durchdacht und so oft von uns auf ihre Relevanz hin abgewogen, dass man uns nachts um 3 Uhr wecken könnte und wir hätten sie parat.

Es ist immer von Vorteil, wenn Sie beim Präsentieren nicht an Ihrem Script kleben, sondern die anderen an Ihren Lippen.

Meisterschaft zeichnet sich auch durch Klarheit aus und die Kompetenz, Unklares und Unnötiges wegzulassen. Oder um es mit Albert Einstein zu sagen: „Wenn du es nicht einfach erklären kannst, hast du es nicht gut genug verstanden." Was umgekehrt natürlich bedeutet, wenn Sie ein Thema verständlich machen wollen, müssen Sie es erst mal selbst verstanden haben.

Das ist der Weg: Beginnen Sie bei Ihren Botschaften im Kopf und enden Sie im Herzen. Wenn Sie beides berücksichtigen, ist schon viel gewonnen.

TIPPS & TOOLS

8

WWW – Dreimal „W" für Ihre Wirksamkeit
Wie relevant ist das, was Sie zu sagen haben?
Wie verständlich sind Sie?
Wie viel Kraft hat das, was Sie vortragen wollen?

Vergessen Sie nicht: Jede Frage ist ein exzellentes rhetorisches Mittel und jede Pause besonders wirksam, aber beides verlangt Rückgrat. Denn eine Pause wirkt für uns selbst meist ellenlang, während sie für andere nur ein angenehmer Augenblick zum Luftholen ist.

Eine Pause ist der Moment, in dem Sie Wichtiges ausdrücken können, ganz ohne etwas zu sagen. Mit einer Pause verleihen Sie Ihren Worten Bedeutung. Sie lassen Ihren Aussagen Raum, damit sie wirken können.

2.4 Worte wirken Wunder – Worte sind Medizin

Über die Wirkmächtigkeit von Sprache

Selbst wenn ich durch meine Erfahrungen als Moderatorin und Coach weiß, dass Inhalte an sich oft überschätzt werden und die Wirkung der Persönlichkeit dagegen unterschätzt, möchte ich ein wenig zur Wirkmächtigkeit von Worten sagen, denn ich liebe Sprachzauberer und verehre den gepflegten Ausdruck.

Habe ich also meine drei Kernbotschaften gefunden, geht es nun darum, diese bestmöglich auszudrücken, weil wir mit Worten die schönsten Bilder in die Köpfe unserer Zuhörenden malen können, die sie berühren und womöglich nie wieder vergessen werden.

Wer dagegen den ganzen Tag nur Blech redet oder hört, dessen Gedanken fangen irgendwann an zu scheppern.

Mit Worten lassen sich Welten erschaffen oder aber zerstören. Wortgewaltig beginnt die Bibel, die Wissen und Weisheit in sich versammelt und uns in der Schöpfungsgeschichte im Alten Testament einen Gott erleben lässt, der spricht und es geschieht. Er benennt die Dinge, die er erschaffen hat mit Namen und verleiht ihnen so ihre Existenz. **Alles entsteht durch das Wort.**

Auch im Neuen Testament im Johannesevangelium heißt es:

Im Anfang war das Wort und das Wort war bei Gott und das Wort war Gott. Dieses war im Anfang bei Gott. Alles ist durch das Wort geworden und ohne es wurde nichts, was geworden ist. (Joh 1,1-3) [3]

Damit soll verdeutlicht werden: **Sprache hat Schöpferkraft. Alles kann aus ihr entstehen.**

Es gilt, die Wirkmächtigkeit von Worten zu nutzen und Bilder in die Köpfe der Zuhörenden zu malen.

So kann ich das richtige Wort zur richtigen Zeit finden oder aber mich völlig deplatziert artikulieren. Meine Worte können giftige Pfeile sein, mit denen ich heftige Wortgefechte führe oder verbale Attacken reite.

---

[3] *Die Bibel,* Einheitsübersetzung der Heilgen Schrift, Katholische Bibelanstalt Stuttgart, 2016.

Worte haben die Kraft zu verbinden oder zu trennen. Sie können etwas erlösen oder verderben, weil Worte nicht nur wirksam sind, sondern auch mächtig.

Kommunikation kann dann so vieles: anregen oder ärgern, aktivieren oder ängstigen. Eines aber sollte sie nie – langweilen.

Leider kommen uns Ausdruckskraft und Sprachvielfalt durch Fernsehen und Internet mehr und mehr abhanden, weil es für alles schon die Bilder zu sehen gibt und sich Fotos und Videos einprägen. So ist es nicht mehr nötig, sich durch eine bildhafte Sprache verständlich zu machen. Sage ich zum Beispiel „Flutkatastrophe", dann erinnert sich mein Publikum sofort an die Aufnahmen, die tagelang die Medien bestimmten. Das war vor 100 Jahren noch ganz anders, da musste noch wortgewaltig beschrieben werden, was genau man gesehen hatte und was passiert war, damit andere es in ihrem Kopfkino nachvollziehen konnten, weil es noch keine Bilderflut durch Fernsehen oder Internet gab.

**Worte, die Bilder im Kopf entstehen lassen
und Gefühle hervorrufen, haben Kraft.**

**Worte können so tatsächlich Wunder bewirken – von _„I have a dream"_
bis _„Yes, we can"_. Man kann mit ihnen aber auch sein blaues Wunder
erleben von _„Die Mauer steht in 100 Jahren noch"_ bis hin zu _„Reisefreiheit – ich glaube, das gilt ab jetzt"._**

Eine meiner Lieblingsstellen in der Bibel steht im Matthäusevangelium. Es ist die Geschichte, in der Jesus den Diener eines Hauptmanns mit Worten heilt. Dieser Vers (Matthäus 8,8) findet sich auch in leicht veränderter Form in einem Gebet wieder, das vor der Kommunion verlesen wird. Darin heißt es: _„Aber sprich nur ein Wort und meine Seele wird gesund"_ und in der Tat: **Worte können sogar Kranke heilen.** Auch wenn in unserer effizienzbasierten Zeit die _sprechende Medizin_ kaum noch wertgeschätzt und vergütet wird, wusste man schon in vorchristlichen Zeiten, dass Medizinmänner, Magier oder Schamanen auf die Heilkraft von Worten setzen. Im 19. und 20. Jahrhundert ist es dann die sogenannte „Redekur" von Sigmund Freud, die für Furore sorgt, als er analysierte, dass Symptome wie Hysterie verschwinden, wenn die dazu gehörenden Erinnerungen wieder ins Bewusstsein gehoben und besprochen werden dürfen.

Heilung wird durch Sprechen herbeigeführt. Daraus sind etliche Formen der Gesprächstherapie entstanden, wobei aktuelle Methoden darüber hinausgehend beim neuronalen Nervensystem ansetzen und mit dem Körperwissen arbeiten. → _s. Anhang, Seite 160_

Wenn wir auf der Bühne stehen oder in die Kamera sprechen, dann können auch unsere Worte für andere Wunder bewirken, sie können heilsam sein. Das ist einer der Gründe, warum ich diese Arbeit so liebe. Nicht zuletzt werden auch die Aufrichtigkeit und Vertrauenswürdigkeit eines Menschen daran erkannt, ob man ihn beim Wort nehmen kann.

Mein persönlicher Taufspruch steht in Jesaja 43 und ist mir tatsächlich zum Leitmotiv meines Lebens geworden:

> *Fürchte dich nicht, denn ich habe dich erlöst! Ich habe dich beim Namen gerufen, du bist mein! Wenn du durchs Wasser schreitest, bin ich bei dir, [...]. Wenn du durchs Feuer gehst, wirst du nicht versengt, keine Flamme wird dich verbrennen [...]. Denkt nicht mehr an das, was früher war; auf das, was vergangen ist, achtet nicht mehr!*
>
> *Siehe, nun mache ich etwas Neues. Schon sprießt es, merkt ihr es nicht? Ja, ich lege einen Weg an durch die Wüste und Flüsse durchs Ödland. (Jes 43, 1-20)*

Wie oft hat mich in Krisenzeiten die Besinnung auf diesen Zuspruch innerlich getröstet und gehalten.

Es ist dabei nicht entscheidend, ob Sie bibelkundig sind, im Buddhismus zu Hause oder aber Atheist. **Wichtig ist, welche Worte Ihnen und ihrem Gegenüber Kraft und Trost spenden können und welche Rituale sich daraus für Sie ableiten lassen, um Ihnen zu mehr Wirksamkeit zu verhelfen.**

Die Kraft der Sprache erschließt sich auch durch Lesen.

**TIPPS
& TOOLS
9**

Kraftquellen und ein Ersatzkanister:

Wer vor der Kamera oder auf der Bühne Wirkung entfalten will, sollte seine inneren **Kraftquellen** kennen **und einen Ersatzkanister** mit Nachfüllenergie bereitstehen haben, weil immer etwas passieren kann, das uns an die Nieren geht oder auf die Nerven und dann ist es gut zu wissen, wo und wie wir wieder auftanken können.

Das kann eine Freundin sein oder ein Freund, eine Meditation oder Sport, ein Ausflugsziel oder ein Song, der mich wieder in Stimmung bringt. Egal was, es muss nur das Potenzial haben, ein kleines Wunder zu bewirken.

2.5 Zu viel Wissen kann Ihr Feind sein – am Ende siegen Kleid und Krawatte

Was am Ende zählt

Sicher haben Sie das auch schon erlebt: Sie hören einen Vortrag, in dem ausnahmslos Richtiges gesagt wird, das womöglich auch noch so klingt, als sei es vorher auswendig gelernt worden, aber die Wirkung verpufft. Dabei kann es im selben Moment etwas geben, das die Aufmerksamkeit fesselt und zwar in Form einer schief sitzenden Hose oder eines Kleides mit verrutschtem V-Ausschnitt.

Und was bleibt am Ende von der ganzen Präsentation hängen und wird womöglich für immer und ewig mit dem Protagonisten verbunden bleiben? Richtig, nicht die vielen wohlfeilen Worte. Vielmehr wird es heißen, „das war doch der mit der schiefen Hose" oder „die mit dem komischen Kleid".

Als Kind der DDR, die auch in modischer Hinsicht kaum anschlussfähig an den Westen war, habe ich eine Weile gebraucht, um zu begreifen, was sich über Bekleidung alles erreichen lässt. Ja, dass auch Kleidung Kommunikation bedeutet. Wobei natürlich Berufsbekleidung oder Uniformen schon immer dafür genutzt worden sind, Rang und Status anzuzeigen. Und während sich in konservativen Kreisen vieles um feine Stoffe, maßgeschneiderte Outfits und edle Accessoires dreht, treten Unternehmenslenker, die als innovativ, visionär und hipp gelten wollen, heutzutage gern im Rollkragenpullover oder eben mit Hoodie auf.

Ob herausgeputzt oder leger, Tatsache ist, die äußere Erscheinung ist immer ein Statement, das nicht dem Zufall überlassen werden sollte.

Die Zuschauer reagieren oft nicht auf Inhalte, aber auf Kleid und Krawatte.

Ich kann mich noch erinnern, wie es war, als ich anfing, zu moderieren. Da war mir Kleidung eher egal und hätte es bei den öffentlich-rechtlichen Sendern nicht eine ganze Kostümabteilung mit Stilberatung gegeben, ich hätte wohl oft dasselbe angehabt bei fünf Sendungen pro Woche. Statt auf Bekleidung legte ich eher den Schwerpunkt auf eine exzellente Vorbereitung und las nicht selten für eine einzige Moderation dicke Stapel an Unterlagen. Meist waren es 10 bis 20 Fachartikel für jeden einzelnen Sendebeitrag, was die Mitarbeiter des Archivs durchaus erfreute, denn es gab ihnen eine Daseinsberechtigung. Es konnte vorkommen, dass ich darüber hinaus sogar noch ein paar ausgewählte Bücher las und das alles, um eine einzige Moderation von 30 bis 40 Sekunden Länge zu schreiben. Und nicht nur das. Hatte ich den hohen

Stapel der vorbereitenden Texte mühsam durchgearbeitet, fühlte ich mich am Ende immer noch nicht schlau genug, um mit gutem Gewissen und voller Selbstbewusstsein meine Moderationen vorzutragen.

Auf diese Weise beraubte ich mich am Beginn meiner Karriere selbst eines Teils meiner Wirksamkeit, weil ich noch nicht glauben konnte, dass ich wirklich etwas zu sagen hatte. Weil ich mich zu viel mit Zahlen, Daten und Fakten beschäftigte und zu wenig mit dem Outfit und es mir insgesamt an SELBSTVERTRAUEN mangelte.

Ich beraubte mich selbst eines Teils meiner Wirksamkeit, weil ich noch nicht glauben konnte, dass ich wirklich etwas zu sagen hatte.

Und auch in meiner heutigen Coachingpraxis erlebe ich es immer wieder: **Es sind insbesondere die engagierten und tiefgründigen, die aufrechten und angenehmen Charaktere, die sich schwertun, dick aufzutragen und bei denen es eine Weile braucht, bis sie den Sprung in ihre Form der Souveränität und Leichtigkeit schaffen.** Doch genau deshalb, weil ich selbst solche Hürden nehmen und meinen Weg finden musste, um nicht nur bei den Inhalten und Formulierungen festzuhängen, genau deshalb kann ich es heute gut verstehen und auch begleiten, wenn jemand sich ähnlich wie ich abmüht, ohne so recht auf einen grünen Zweig der vollen Wirkmächtigkeit zu kommen. Sich also furchtlos, freimütig und voller Energie zu trauen, mit der ureigenen Art und Weise etwas auszusagen und darzustellen. Während ich also zu Beginn meiner Moderatorentätigkeit bestmöglich ausgeklügelte Sätze in die Kamera sprach, wirkte ich dabei zugleich irgendwie verkrampft und steif, und die Zuschauenden honorierten in keiner Weise meine angelesenen klugen Gedanken, sondern schrieben eifrig Kommentare zu meiner Bekleidung oder zu meiner Frisur. Daraus lernte ich, zu viel Wissen kann tatsächlich ein Feind sein – am Ende siegen Kleid und Krawatte.

Selbst denjenigen, die lediglich Nachrichten sprechen, wird oft kaum zugehört. Wesentlicher ist der Sitz der Krawatte oder das neue Kleid.

Auch andere Moderierende machen diese Erfahrung. Das ist vielleicht etwas ernüchternd, aber offenbar allzu menschlich. Ich jedenfalls habe eine gewisse Zeit gebraucht, um zu verstehen, dass es weniger darauf ankommt, was ich sage, sondern zentral ist, wie ich es sage und was ich dabei ganz ohne Worte mitteile. Aber damit keine Missverständnisse aufkommen: **Das WAS ist keineswegs egal, nur das WIE ist wichtiger. Ein freundliches Lächeln und eine lockere Haltung sind mehr als die**

halbe Miete und sorgen für Wohlwollen und Sympathie. Ein Wohlwollen, das sogar Versprecher verzeiht.

Ja, gerade bei einem Versprecher, bei dem Sie selbst denken, Sie müssten vor Scham im Boden versinken, fliegen Ihnen die Herzen der Zuhörenden zu, weil Sie sich damit als Mensch zeigen und nicht als kalter Sprechautomat. Und ganz nebenbei, auch bei YouTube oder ähnlichen Kanälen sind solche Versprecher oder „Unperfektheiten" im Ausdruck noch Jahre später Beliebtheitsrenner wie zum Beispiel Giovanni Trapattonis „Fußball ist Ding. Dang. Dong. Es ist nicht nur Ding" oder „Ich habe fertig!".[4]

Auch Kleidung ist Kommunikation und spricht manchmal deutlicher als Gestik.

---

[4] Schmidt, Helga. Stilblüten, Edition XXL, 2007.

Sechs heiße Tipps für den finalen Inhaltscheck

1. Ist das, was Sie sagen wollen, tatsächlich für die Zielgruppe eine Mitteilung wert? Bitte seien Sie hier ganz kritisch. Wir alle leiden tagtäglich unter zu viel Informationsbeballerung.

2. Was müssen Sie unbedingt mitteilen und was können Sie weglassen, zum Beispiel, weil es schon ein Vorredner*in gesagt hat, denn weniger ist hier immer mehr.

3. Werden Ihre Kernbotschaften klar?

4. Wie könnten Sie diese noch origineller ausdrücken oder ungewöhnlicher verpacken, um Ihre Inhalte möglichst attraktiv zu vermitteln? Was inspiriert Sie selbst bei dem Thema?

5. Welche spielerischen Aspekte lassen sich einbeziehen? Was meint Ihr inneres Kind? Lassen Sie es ruhig mal ran, denn es hat meist Ideen, die beim Publikum äußerst gut ankommen und schon haben Sie eine tolle Inszenierung zu Ihren Inhalten.

6. Wenn es das dringende Bedürfnis gibt, zu signalisieren, dass man natürlich noch sehr viel mehr zu sagen gewusst hätte, bereiten Sie ein Handout, einen Link oder einen Download vor, auf den alle hingewiesen werden können, die gern noch mehr wissen möchten. Dort können Sie auch gleich noch ein Kontakt- und Vernetzungsangebot machen. So zeigen Sie nicht nur Ihre Kompetenz – ohne zu überfordern oder zu langweilen – so sorgen Sie auch für Nachhaltigkeit und bleiben im Gespräch.

Anders ausgedrückt, lassen sich daraus sechs Fehler ableiten, die Sie nie machen sollten:

1. Sie wiederholen nur bereits Bekanntes.

2. Sie haben keine Kernbotschaften.

3. Ihre Inhalte sind langweilig.

4. Ihnen fällt nichts ein, um Ihre Inhalte attraktiv zu präsentieren.

5. Sie reden Ihre Zuhörerschaft – komme, was da wolle – ins Koma, ohne zu merken, dass Ihr Gegenüber bereits seine Ohren zugeklappt und die Aufmerksamkeit abgeschaltet hat.

6. Sie vergessen weiterführende Informationen zusammenzustellen und machen auch kein Kontakt- oder Vernetzungsangebot.

2.6 Was ist eigentlich Kommunikation?

Kommunikation ist weit mehr als nur Reden

Bevor wir das Kapitel „I" wie Inhalt verlassen, noch eine zentrale Frage: Wenn bereits Kleidung Kommunikation bedeutet, was gehört dann noch alles zur Kommunikation?

Das Schreien meiner Tochter, als sie auf die Welt kam und mir auf den Bauch gelegt wurde? Ja, das ist Kommunikation. Ist es auch das „Dudzi Dudzi" und „Heididei", das wir gern bei Kleinkindern machen, wenn wir mit ihnen in Kontakt treten und ein Lächeln hervorrufen wollen? Ja, auch das ist Kommunikation. **Denn Kommunikation, abgeleitet von dem lateinischen „communicatio", bedeutet zunächst einmal nichts anderes als „sich mitteilen" und das geht auch gänzlich ohne Worte.**

Stellen Sie sich doch einfach mal vor, wie Sie abends müde in ein Hotelzimmer kommen. Sie machen sich bettfertig und plötzlich hören Sie leicht gedämpft durch die Wand, wie im Zimmer nebenan ein heftiges Stöhnen anfängt. Das steht wofür? Was meinen Sie? Vermutlich denken wir hier alle erst mal an „das Eine".

Aber es könnte natürlich auch etwas ganz anderes sein. Etwa, dass sich der Gast im Nachbarzimmer gerade heftig den Fuß am Schrank gestoßen hat. Oder jemand hat den Fernseher auf voller Lautstärke gelassen, in dem gerade ein Liebesfilm läuft.

Wir können an dieser Stelle also ganz nebenbei verstehen lernen: **Kommunikation ist auch immer eine Sache der Interpretation. Nicht nur, was ich höre, ist entscheidend, sondern vor allem, wie ich es bewerte.**

Kommunikation bedeutet nichts anderes als „sich mitteilen" und das geht mit und ohne Worte.

Kommunikation – also das „Sich-Mitteilen" – funktioniert also auch ohne reichhaltigen Wortschatz und ohne Sprachakrobatik. Ja, selbst ohne knifflige Rhetorik und – das sei schon jetzt verraten – manchmal sogar noch besser als mit diesen Zutaten. Denn wie im Beispiel des Stöhnens im Nachbarzimmer ist manchmal das Nonverbale, also das Kommunizieren gänzlich ohne Worte, einfach einprägsamer als jeder ausgefeilte Fachvortrag. Das zu beachten, ist wirklich wichtig, weil es die meisten in ihrem Eifer schlichtweg vergessen. Sie vergessen, dass sie auch schon gänzlich ohne Worte und noch bevor sie den Mund überhaupt aufgemacht haben, bereits Wirkung entfalten. Demzufolge sollten Sie sich also gut überlegen, mit was genau Sie sich im Vorfeld eines Vortrages, einer Rede oder eines Statements tatsächlich unter Stress setzen und womit Sie sich Druck machen.

Kommunikationsverhalten wird immer interpretiert. Deshalb ist nicht nur entscheidend, was mitgeteilt, sondern auch wie es bewertet wird.

Um nicht falsch verstanden zu werden, ich möchte keineswegs sagen, dass die Wortwahl egal ist. Nein, das ist sie nicht. Wie oben schon ausgeführt: Worte können Wunder wirken! Ich möchte aber verdeutlichen, es kommt darüber hinaus noch auf ganz andere Wirkungsfaktoren an, und da wirkt das Nonverbale meist deutlicher und direkter als das Verbale. Faktoren wie Mimik, Gestik, Haltung und Ausstrahlung zählen im Gesamteindruck mehr als tausend Worte.

→ *mehr in Kapitel 3 unter „P" wie Persönlichkeit, Seite 57*

Die nonverbale Kommunikation kann einprägsamer sein als die verbale. Wir entfalten Wirkung auch ohne Worte und noch bevor wir den Mund aufgemacht haben.

Auf den ersten Blick hat Sie die Frage, was eigentlich alles Kommunikation ist, vielleicht verwundert, denn wir kommunizieren tagtäglich von früh bis spät und meist mit einer großen Selbstverständlichkeit. Sich auszudrücken und mitzuteilen ist für die meisten von uns eine Gewohnheit, ja ein Grundbedürfnis, das befriedigt sein will, ähnlich wie Atmen oder Essen.

Gemeinhin haben wir im Alltag für diese Notwendigkeit keinerlei Bewusstheit. Wir kommunizieren gewohnheitsmäßig und denken nicht mehr darüber nach, wie wir es tun und was dies bewirkt – oder eben gerade nicht bewirkt. Genauer hingeschaut wird jedoch klar: **Genau wie Atmen nicht gleich Atmen ist und Essen nicht gleich Essen – so können Sie auch so oder ganz anders kommunizieren. Also entweder „irgendwie und unbewusst" oder „ganz bewusst und mit gezielten Absichten".**
Nehmen wir zum Vergleich mal die Essgewohnheiten: Sie können morgens schnell und im Stehen frühstücken, um schlicht und ergreifend satt zu werden, bevor Sie das Haus verlassen oder Sie flanieren an einem sonnigen Sonntag gemütlich zu einem exklusiven Brunch, weil Sie

nicht nur satt werden wollen, sondern sich ein entspanntes Genusserlebnis gönnen möchten. Essen ist also nicht gleich Essen. Denn nicht nur der Vorgang der Nahrungsaufnahme ist entscheidend, sondern auch der Kontext.

Beim Atmen ist es ebenfalls ein himmelweiter Unterschied, ob Sie flach atmen und sich damit beim Reden selbst die Luft abschneiden oder ob Sie schön tief in den Bauch hinein Luft holen, sodass Ihre Stimme rund und vollmundig wird und Sie damit andere beeindrucken oder sogar verzaubern können.

→ *mehr im 3. Kapitel unter Stimme, Seite 109*

Analog zum Essen oder Atmen verhält es sich mit dem Kommunizieren. Sie können einfach vor sich hin plappern oder Worte gezielt auswählen und einsetzen, um eine bestimmte Wirkung bei Ihrem Gegenüber zu erreichen. Diese Wirkung erzielen Sie in den meisten Fällen nicht einfach so und zufällig, sondern es braucht eine bewusste Auseinandersetzung mit dem Thema und der Kommunikationssituation. Bewusstheit dafür und die Beherrschung einer Bandbreite an Ausdrucksmöglichkeiten, die Sie auf unterschiedlichste Weise einsetzen können, sind ein gutes Fundament für überzeugendes Kommunizieren und wirksames Präsentieren.

Bewusstheit für die Kommunikationssituation und eine Bandbreite von Ausdrucksmöglichkeiten sind eine gute Basis für überzeugendes Kommunizieren und wirksames Präsentieren.

Aber noch mal zurück zur Wirkung des Nonverbalen, wozu auch Geräusche wie zum Beispiel das schon beschriebene Stöhnen im Nachbarzimmer gehören, das immer eine Wirkung erzielt. Zu wirken oder etwas Bestimmtes bewirken zu wollen, ist ja genau das, was wir uns von jedem Auftritt, jeder Rede, jedem Vortrag oder jeder Bewerbung versprechen oder erhoffen. Wir wollen kompetent wirken, souverän, überzeugend oder begeisternd. Natürlich heißt das jetzt nicht, dass Sie deshalb künftig bei Ihren Auftritten oder Ansprachen stöhnen, schnalzen oder grunzen sollen und zwanghaft Laute von sich geben, damit Sie die entsprechende Aufmerksamkeit erhalten und dauerhaft in Erinnerung bleiben. Es geht also nicht darum, sich als lustiger Geräuschemacher zu gerieren, aber ein bewusst eingesetztes „Aha" oder „Ohhh" oder „Hhmmm" zum Beispiel kann in einem Vortrag ein Wundermittel sein und für mehr Aufmerksamkeit sorgen als so mancher exakte Fachbegriff. Und vor allem können solche dramaturgischen Elemente die Monotonie eines Monologs unterhaltsam unterbrechen. Das Problem dabei ist nur, dass wir meistens nicht beherzt genug sind und uns eine solche Lockerheit nicht zutrauen, wenn wir vor anderen präsentieren sollen. Im Privatleben, unter Freunden oder in der Familie sind wir ganz selbstverständlich in der Lage, lebhaft zu erzählen oder auch mal etwas mit Geräuschen oder Gesten zu verdeutlichen. Dann sind wir ganz bei uns, fühlen uns sicher und reden, wie es uns über die Lippen kommt. **Fühlen wir uns aber in einer Situation fremd und unsicher oder stehen unter Erfolgs- oder Erwartungsdruck, dann verwandeln wir uns und meinen, eine andere Version unserer selbst spielen zu müssen.** Und genau das ist es, was unserer Präsentation dann die Lebendigkeit und individuelle Note nimmt, weil wir meinen, uns verstellen zu müssen. Und plötzlich werden wir zu einem „Ernsthaftigkeitsmonster" oder zu einem „Aufgeregtheitsmonster", vor dem wir uns selbst schon im Zuge des eigenen Vortragens erschrecken. Tja, was einem alles so passieren kann, wenn es eigentlich nur darum geht, zu reden oder sich auszudrücken.

Ein bewusst eingesetztes „Aha" oder „Ohhh" kann eine Präsentation sehr beleben und für mehr Aufmerksamkeit sorgen. Es braucht dafür etwas Mut und Lockerheit.

Aufgeregtheit und Unsicherheit gehören am Anfang oder beim Nichtgewohnten dazu. Es gilt, solche Gefühlslagen zu managen.

Schaue ich mir heute die Aufnahmen aus der Anfangszeit meiner Moderatorentätigkeit an, was zugegeben ein rundes Vierteljahrhundert her ist, dann kann ich nur staunen und schmunzeln, wie ich mich seinerzeit mit besten Absichten selbst reduziert habe und wie wenig ich von meiner Lebendigkeit gezeigt habe oder von meinem Humor. Ein langjähriger

Freund erzählt mir heute noch mit diebischer Freude, dass ich gewirkt habe wie ein junges Kätzchen, das zum ersten Mal in seinem Leben durch nasses Gras tapst.

Genau das aber ermöglicht es mir heute, viel Einfühlungsvermögen dafür zu haben, wenn sich jemand noch schwertut mit dem Präsentieren vor Publikum oder vor der Kamera und vor allem weiß ich, dass es möglich ist, hier viel souveräner und sicherer zu werden. Und ich kann Ihnen versprechen, jede Stufe, die Sie auf der Leiter zu mehr Wirkmächtigkeit genommen haben, jede Kompetenz, die Sie dabei erlangen, geht Ihnen nicht mehr verloren. Was Sie dann draufhaben, haben Sie drauf.

Souverän sind wir immer dann, wenn wir uns nicht einengen, sondern Wahlmöglichkeiten haben und zwischen verschiedenen Verhaltensweisen auswählen können. Wenn wir so aber auch anders reagieren können und nicht sofort aus den Latschen kippen, sofern etwas Unvorhergesehenes passiert wie zum Beispiel der Ausfall der PowerPoint oder des Prompters. Deshalb macht es mir heute auch viel Freude und erfüllt mich zutiefst, wenn ich andere dabei unterstützen kann, so zu wirken, wie es ihrem individuellen Persönlichkeitstyp und ihrem Wesen entspricht. Doch das gelingt erst, wenn Sie sich mit sich selbst wohl und sicher fühlen. Dominieren dagegen Aufregung, Angst oder Erwartungsdruck, übernimmt unser unbewusster Steuermann.

→ *s. Kapitel 3, unbewusster Steuermann, Seite 94*

Zum Schluss von Kapitel eins kann ich Ihnen noch ein kleines Geheimnis verraten: Ein gutes Auftrittscoaching und gelingende Kommunikation haben etwas gemeinsam: Wir lassen die Menschen, mit denen wir es zu tun haben, besser und beglückter zurück, als wir sie vorgefunden haben. Das ist doch ein Ergebnis, für das sich jede Anstrengung lohnt, oder?

Noch drei Tipps, bevor wir mit Kapitel zwei starten:

1. Grübeln Sie vor einem Vortrag oder einer Rede nicht zu lange über die falschen Dinge. Das raubt nur Energie.

2. Das WIE einer Präsentation ist wichtiger als das WAS, das Nonverbale einprägsamer als das Verbale.

3. Versprecher, Patzer oder Misslungenes öffnen zumeist das Herz des Publikums, denn niemand ist perfekt. Nutzen Sie solche Situationen, um sich in Humor zu üben.

TIPPS
& TOOLS

11

Herkunft ist wichtig, aber nicht alles.

Johann Wolfgang Goethe-Universität
Frankfurt am Main 898872

Studenten-Ausweis

für

Herr
Frau Angela Elis

(Siegel)

01. 04. 1989

Immatrikulationsdatum

Der Präsident
im Auftrag

(Schmelzeisen)

Eigenhändige Unterschrift des Inhabers
(mit vollem Vor- und Zunamen):

Mein Lieblingsmoment: 3sat rief unmittelbar vor der Geburt meines 1. Kindes an, ob ich zum Casting kommen könnte. Da dachte ich einen Moment lang, ich würde die Chance meines Lebens verpassen. Aber kaum war die Tochter da, ging es mit Baby nach Mainz und dann moderierte ich acht Jahre lang das Wissenschafts- und Zukunftsmagazin „nano".

Persönlichkeit heißt, sich in nichts reinzuzwängen.

3. Das „P" der I.P.R.-Erfolgsformel © –

„P" wie Persönlichkeit

Vom WOW-Moment zur WOW-Persönlichkeit – Die Problem - oder Chancenzone zwischen unseren Ohren – Anerkennung und Abwertung – Selbstvertrauen bewirkt Fremdvertrauen – Überzeugung überzeugt – Was sagt die Stimme über mich - Das eigene Sprechverhalten erkennen – Aufgeregtheit managen – Der größte Killer der Selbstwirksamkeit

Der zweite Baustein erfolgreicher Kommunikation ist die Wirkung der Persönlichkeit. Hier liegt meist das größte Potenzial, wenn Sie Ihre Wirkkraft und Ausstrahlung verbessern möchten.

Meinen Klienten erkläre ich das so: Sie haben die Wahl zwischen einer Symptom- oder Wurzelbehandlung. Alles rein Handwerkliche, wie beispielsweise die Frage, wohin mit den Händen, ist oberflächliches Laborieren und unter Druck und Stress nicht abrufbar, weil Sie dann ja nicht erst lange überlegen können: Wie genau wollte oder sollte ich das jetzt machen? –, sondern Sie fallen automatisch in Ihre üblichen Verhaltensmuster zurück.

Deshalb rate ich zur tiefergehenden Arbeit, und zwar auf der mentalen und körperlichen Ebene, die wirksamere und dauerhafte Veränderungen verspricht. Dann lässt sich im wahrsten Sinne des Wortes von innen heraus **VERKÖRPERN, was ausgedrückt werden soll.** Das Beste, was Ihnen bei einem Auftritt oder einer Präsentation passieren kann.

**Eine zentrale Frage zur Reflexion lautet hier:
Fühlen Sie, was Sie sagen?**

Wäre das so, dann wären wohl so manche Worte nie gefallen und so mancher Satz nicht über die Lippen gekommen und darüber hinaus so manche Performance lebendiger ausgefallen. Es ist oft Gedankenlosigkeit, falsch verstandene Angepasstheit oder aber Aufregung, die uns dazu verleiten, so zu sprechen und uns so darzustellen, wie wir es im Vollbesitz unserer selbst nie tun würden.

**TIPPS
& TOOLS

12**

Vergessen Sie nie: Ihre Persönlichkeit ist wie das Salz in der Suppe. Ohne Persönlichkeit wirkt alles fad. Salz allein schmeckt allerdings auch nicht. Es braucht einen Kontext, in dem es wirken kann.

Handwerkliche Tipps & Tricks sind unter Druck und Stress nicht abrufbar, weil wir dann nicht lange überlegen können, wie wir etwas machen wollten. Wunschverhalten muss daher vorab verinnerlicht werden, dann haben wir es immer parat.

Gebildet wird der Kern unserer Persönlichkeit von innen heraus durch unser Wesen und unseren Charakter. Dazu kommen Prägungen, die wir aufgrund von Herkunft und Kulturkreis erfahren und verinnerlicht haben. Im Außen zeigt sich unsere Persönlichkeit durch die Art und Weise, wie wir uns verhalten, wie wir auftreten, welche Rollen wir einnehmen und wie wir Probleme oder Krisen bewältigen. Vor allem im beruflichen Kontext ist eine Rollenklärung das A und O, um nicht als Blindgänger unterwegs zu sein. Wer erfolgreich sein will, muss wissen, wie er seine Rolle ausfüllen möchte, und sollte nicht aus der Rolle fallen. Das zeigen Beispiele wie die des ehemaligen Bundespräsidenten Christian Wulff, der unter Druck gekommen dem damaligen Chef der Bildzeitung via Sprachnachricht drohte oder des Kanzlerkandidaten Armin Laschet, der inmitten der Flut-Katastrophe dabei fotografiert wurde, als er derb vor sich hin feixte. Menschlich durchaus nachvollziehbares Verhalten, aber für die eingenommene Rolle völlig unpassend und problematisch.

Nur wer sich seiner selbst und seiner Rolle bewusst ist, kann zielgerecht wirken. Von daher lohnen Fragen wie:

- Was für ein Persönlichkeitstyp sind Sie?
- Wie wurden Sie geprägt?
- Welche Entwicklung haben Sie wie genommen?
- Welche Werte machen Sie aus?

Allein schon die Überlegung, wie viele Rollen-Hüte Sie aufhaben, kann sehr erhellend sein. Dafür bietet sich ein Tortendiagramm an, in dem Sie eintragen können, wie viele verschiedene Rollen Sie in Ihrem Leben eingenommen haben und wie viel Raum diese beanspruchen.

TIPPS & TOOLS

13

Persönlichkeit ist wie das Salz in der Suppe.
Persönlichkeit = Wesen + Prägung (Herkunft / Gesellschaft /
Kulturkreis) + Entwicklung + Werte

Besonders in den Momenten, in denen Sie gefordert sind, sich zu zeigen und zu präsentieren, brauchen Sie die Wirkkraft Ihrer Persönlichkeit, denn es eröffnet sich eine riesige Chance für Ihr Standing, für Ihre Sichtbarkeit und Reichweite. Doch diese Chance hat auch eine Schattenseite: die Fallhöhe nach unten. Und das wissen Sie natürlich. Kein Wunder also, dass Ihnen flau im Magen wird und Lampenfieber aufsteigt, denn Sie möchten sich nicht blamieren oder gar scheitern. Wie also geht das: Als Persönlichkeit auftreten zu können, ohne Angst und Unsicherheit? Vorzutragen, ohne zu langweilen? Und so zu präsentieren, dass es die gewünschte Wirkung erzielt und das Publikum begeistert?

Jede Präsentation ist eine Chance für Standing, Sichtbarkeit
und Reichweite. Die Schattenseite ist die Fallhöhe nach unten.

Alles, was im ersten Teil des Buches zum Thema Inhalt und Kernbotschaften herausgearbeitet wurde, ist eine solide Basis. Der größte Teil unserer Wirkung liegt allerdings nicht in dem, was wir mit Worten ausdrücken, auch wenn es natürlich ein Genuss ist, wenn jemand mit Sprache zaubern kann. Den Großteil unserer Wirkung erreichen wir nonverbal durch unsere Körpersprache und das innerhalb von nur wenigen Sekunden, ja Millisekunden. Das ist so, weil für uns Emotionen, die sich körpersprachlich zeigen, mehr Bedeutung haben als das gesprochene Wort und weil wir Menschen seit Urzeiten darauf getrimmt sind, blitzschnell anhand von Haltung, Mimik, Gestik oder Stimme zu entscheiden, ob jemand wohlwollend ist oder unsympathisch. Ist uns jemand sympathisch, hören wir gern zu und folgen bereitwillig dem Gesagten. Ist uns dagegen jemand unsympathisch oder sendet irritierende Signale, wenden wir uns innerlich ab oder stellen uns sogar tot, wie es sich bei dem ein oder anderen Vortrag tatsächlich im Publikum beobachten lässt.

Die gute Nachricht ist: **Körpersprache ist eine Sprache, die wir nicht erst erlernen müssen, sondern intuitiv beherrschen.** Sie ist uns angeboren und eine Sprache, die weltweit verstanden wird. Doch es ist auch eine Sprache, die manche im Laufe des Erwachsenwerdens verlernen, wenn sie nicht mehr ihr individuelles Selbst leben, sondern nur noch eine normierte oder gar deformierte Version.

→ *Déformation professionnelle, Seite 126*

TIPPS & TOOLS 14

Wissen Sie eigentlich, was Sie nonverbal alles ausdrücken, während Sie meinen, nur etwas vorzutragen? Wissen Sie, was Ihre Körpersprache *heimlich, still und leise* verrät, während Sie denken, dass Sie nur ein paar Sätze sagen?

Oft ist die Sprache des Körpers ein beredtes Zeugnis dafür, was wir tatsächlich fühlen und denken, ohne dass wir auch nur ein einziges Wort sagen. Und gar nicht so selten kommt es vor, dass unsere Worte dem widersprechen, was unser Körper erzählt, denn „die Zunge kann lügen, der Körper nicht!"[5] Es sei denn, man ist wie ein TOP-Spion professionell auf Camouflage und Lügen trainiert.

---

[5] Molcho, Samy. Köpersprache des Erfolgs, Ariston, 2015.

Die Zunge kann lügen,
der Körper nicht.

Was sagt mein Körper?

Wir wirken unmittelbar durch unsere Körpersprache, die wir intuitiv beherrschen und nicht erlernen müssen.

Achten Sie also auf Ihre innere Gefühls- und Gemütslage, denn der Körper lässt sich in der Regel nicht völlig vom Verstand kontrollieren. Unglaubwürdiges oder Unauthentisches werden über die Sprache unseres Körpers allzu schnell sichtbar, ohne dass wir das noch im Griff haben.

Ich sehe was, was du nicht sagst. Unsere Persönlichkeit drückt sich durch Mimik und Mikromimik aus, durch Gestik und durch unsere Körperhaltung, aber auch durch unsere Stimme und unsere energetische Ausstrahlung. Mund und Augen machen den Großteil unserer Mimik aus. Die Gestik wird mit den Händen gestaltet und unsere Haltung drücken wir vor allem mit unserem Oberkörper und über die Stellung unserer Beine aus, also darüber, wie wir stehen oder gehen. Schrittlänge und Schritttempo sind hier entscheidende Indikatoren. Wenn wir zum Beispiel in kurzen, schnellen Schritten über die Bühne tippeln wie eine Geisha, wird das ähnliche Assoziationen wecken. Machen wir ausladende Schritte und Gesten, müssen wir aufpassen, dass wir nicht zu bedrohlich auf unser Publikum wirken. Und wer seinen Kopf in den Schulterbereich hineinzieht, hat die Ausstrahlung einer Schildkröte.

TIPPS & TOOLS 15

WIRKUNG testen
Schauen Se sich ruhig mal im Spiegel oder auf einem selbst gedrehten Video an: Wie wirken Sie? Souverän oder nervös? Und welches energetische Potenzial wird durch Sie spürbar?

**Wussten Sie, dass wir über
mehr als 5.000 Gesten verfügen und
mehr als 25.0000 Gesichtsausdrücke und
mehr als 1.000 Körperhaltungen?** [6]

Schon vielfach wurde durch Tests bewiesen, wie entscheidend die Körpersprache ist. Zum Beispiel wurde derselbe Vortrag mit zwei unterschiedlichen Handgesten gehalten und allein dadurch wurde eine

---

6 „Interkulturelle nonverbale Kommunikation – Was ist zu beachten" Blog CBC Communication & Business Consulting, https://www.cbc-partner.com/2021/05/21/interkulturelle-nonverbale-kommunikation-was-ist-zu-beachten/. Mehr zu diesem Thema finden Sie in Peter Kovacs Artikel über Paul Ekman, Psychologe und Erforscher der Mikromimiken: Kovacs, Peter. „Mimik deuten lernen – 7 Basisemotionen", Blog Emotionen lesen lernen, https://emotionen-lesen-lernen.de/7-basisemotionen-nach-paul-ekman

komplett andere Wirkung erzeugt. In einem Fall wurde der Redner aufgefordert, beim Vortragen seine Hände immer wieder nach oben offen zu präsentieren, sodass sie einladend wirkten. Im anderen Fall erhielt der Redner die Anweisung, die Handflächen immer nur nach unten zu drehen, was beim Publikum zu einer schlechteren Bewertung führte und womit er Sympathiepunkte verschenkte, obwohl der Inhalt derselbe war.

Doch am Ende geht es nicht nur um einzelne Elemente der Körpersprache, sondern es kommt auf das Zusammenspiel an: Unterstreicht Ihre Gesamterscheinung Ihre Kompetenz von der Gestik über das Sprechtempo bis hin zur Bekleidung oder destruieren Sie Ihre Wirkung, weil Sie nicht wissen, wohin mit den Händen oder eine gestresst klingende Stimme haben? Geben Sie ein stimmiges Gesamtbild ab oder irritieren bestimmte Details? Wirken Sie dabei ausdrucksarm oder ausdrucksstark?

Es sind immer die Gesamterscheinung und der Kontext, die wirken.

Gemeinhin heißt es, dass die verbale Kommunikation über Worte nur einen kleinen Teil unserer Wirkung ausmacht, während die Stimme und alle nonverbalen Äußerungen dominieren. Die Prozentzahlen, die dazu seit vielen Jahren kursieren, dass auf Inhalt 10 % und Nonverbales 90 % entfallen und davon 35 % für die Stimme und 55 % für die Körpersprache, klingen so überzeugend, wie sie umstritten sind, denn das den Zahlen angeblich zugrunde liegende Experiment von Albert Mehrabian ist damit nicht korrekt wiedergegeben, weil es bei der Wirkung immer auf den Zusammenhang ankommt. [7]
Zwei Beispiele können das verdeutlichen:

Sage ich meinem Sohn zum x-ten Mal: *„Räum bitte dein Zimmer auf!"*, dann wird er geflissentlich darüber hinweghören. Die verbale Wirkung liegt nicht mal bei 10 %, sondern nahezu bei null. Teile ich ihm dagegen mit, wo genau sein Handy liegt, wird er seine Ohren weit aufsperren. Verbale Wirkung 100 %.

Winke ich meiner Mutter zum Abschied aus dem Zug, kann sie damit etwas anfangen und winkt zurück. Non-Verbale Wirkung 100 %. Tue ich dasselbe an der nächsten Haltestelle bei einem Fremden, wird er schlichtweg irritiert gucken. Non-Verbale Wirkung nahezu 0 %.

---

7 Nagel, Friederike. „Wie wirken verbale und nonverbale Informationen zusammen? Das Paradigma von der Übermacht des Visuellen und des Nonverbalen" In: Die Wirkung verbaler und nonverbaler Kommunikation in TV-Duellen. VS Verlag für Sozialwissenschaften, 2012.

Ob Ihre Botschaften also gehört und Ihre Gesten verstanden werden, hängt vor allem vom jeweiligen Kontext ab.

Auch das Beispiel vom Feuerwehrruf verdeutlicht das: Wenn ich als Moderatorin die Bühne betrete und statt freundlich zu begrüßen lauthals brülle *„Alle raus hier!",* wäre das Publikum zwar sofort hellwach, aber vermutlich auch verwundert. Ganz anders wäre die Wahrnehmung bei einem Feuerwehrmann. Stürzt dieser auf die Bühne und schreit *„Raus hier!",* wird jeder aufspringen und so schnell wie möglich den Raum verlassen. Es sei denn, er ist Teil der Inszenierung in einem Theaterstück. In diesem Fall wiederum wäre es ein Kontext, bei dem die Zuschauenden vielleicht sogar lachen, wenn der Feuermann im Stück eine eher clowneske Rolle hat.

Zu den nonverbalen Faktoren gehören neben der Körpersprache auch Aussehen und Kleidung. Weil aber nonverbale Wirkungsfaktoren kein Schulfach sind und auch selten zum Ausbildungsprogramm gehören, können nur wenige von uns diese bewusst einsetzen und gestalten. Eine verschenkte Chance, denn bei jedem Auftritt sind schon die allerersten Sekunden entscheidend und für den ersten Eindruck gibt es gemeinhin keine zweite Chance. Jedenfalls erst mal nicht. Dennoch ist selbst bei einem verpatzten Start die Flinte nicht ins Korn zu werfen, denn Sie können sich im Laufe Ihrer Präsentation immer noch steigern und am Ende mit einem sensationellen Schlusspunkt Eindruck machen. Außerdem können Sie im Nachgang aus Ihren Fehlern lernen.

Die ersten Sekunden bei einem Auftritt entscheiden, dafür gibt es keine zweite Chance.

Besonders beeindruckend finde ich persönlich hier Eiskunstläufer, von denen man sich eine Scheibe abschneiden kann. Ich habe noch keinen einzigen gesehen, der seine Kür abgebrochen hätte, weil ein Sprung misslang oder eine Figur nicht fehlerfrei ausgeführt werden konnte. Sie bewahren Haltung und strengen sich bei den danach folgenden Kunststücken noch mehr an, mit dem Ergebnis, dass das Publikum mitfiebert.

TIPPS & TOOLS

16

Anregungen zur Reflexion

Wie ist das bei Ihnen? Sind Sie mit Ihrer Performance zufrieden oder haben Sie das Gefühl, da geht noch was? Sind sie eher noch zu unsicher und zu zurückgenommen oder gar zu unscheinbar? Möchten Sie sich gern weiterentwickeln und besser werden, wissen nur noch nicht so genau, wie das gehen kann? Oder fühlen Sie sich bereits in Ihrem WOW-Modus?

Vielleicht fragen Sie sich ja, was hat eigentlich eine Angela Elis mit dem Thema „Unsicherheit und Unscheinbarkeit" zu tun? Eine bekannte Moderatorin aus Funk und Fernsehen, die tausende Sendungen bei ARD, ZDF und 3sat moderiert hat und locker die Bühne rockt, wenn es um einen Talk mit dem Bundespräsidenten, der Bundeskanzlerin oder anderen Spitzenpersönlichkeiten geht?

Mein Motto früher: Lieber gar nicht erst zeigen, dass ich einen Mund habe und besser mit Tieren sprechen.

Nun, obwohl ich inzwischen seit über 25 Jahren vor der Kamera oder auf der Bühne stehe, habe auch ich mal klein angefangen und war als Kind sogar extrem schüchtern, auch wenn ich mir das heute selbst kaum noch vorstellen kann. Es war aber in der Tat so, dass ich damals kaum gesprochen habe, sodass sogar die Brüder meines allerersten Freundes mich aufforderten, doch wenigstens mal „Pieps" zu sagen, damit man mal meine Stimme hören könne.

Was ich dagegen sehr gern gemacht habe, war Beobachten und Analysieren. Interessanterweise hat sich daraus über die Jahre die Fähigkeit entwickelt, andere mit einem hoch entwickelten Sensorium wahrnehmen zu können und wieder ein paar Entwicklungsschritte weiter kam die Kompetenz dazu, mich auch dementsprechend ausdrücken zu können. Nicht zuletzt deshalb, weil ich schon immer sehr gern und sehr viel gelesen habe. Aber es war eine Entwicklung mit Höhen und Tiefen, Erfolgen und Niederlagen.

Daher weiß ich aus eigener Erfahrung, wie sich die Angst anfühlt, wenn es darum geht, sich zu zeigen, zu sprechen oder sich zu bewerben, ob nun im Arbeitsleben oder bei einer Performance. Auch ich kenne schweißnasse Hände, ein flaues Gefühl im Magen, Lampenfieber oder Herzrasen. ABER: Ich habe gelernt, damit umzugehen und kann heute in mir aufkommende Gefühlslagen in die richtigen Bahnen lenken.

Glück ist eine Überwindungsprämie und eine Geisteshaltung.

Ich habe den Radius meiner Möglichkeiten Jahr für Jahr erweitert bis dahin, dass ich heute mit größtem Vergnügen auf einer Bühne vor tausenden Leuten stehen und mich daran erfreuen kann.

Nicht von ungefähr heißt es: Glück ist eine Überwindungsprämie. Das kann ich aus eigener Erfahrung bestätigen. Die Vorstellung, dass Glück wie eine rosarote Wolke ist, auf der ich nur Platz nehmen muss und dann durchs Leben schweben kann, greift zu kurz. Glück ist aber auch eine Geisteshaltung – will ich ein Schiff bauen, mache ich mich besser nicht stöhnend mit der Gebrauchsanweisung ans Werk, sondern träume, fröhlich Seemannslieder pfeifend, vom Meer, das ich befahren und Inseln, die ich entdecken möchte.

Was Sie immer im Kopf haben sollten:

1. Achten Sie besonders auf den ersten Eindruck, für den es erst mal keine zweite Chance gibt.

2. Achten Sie auch auf den ersten und den letzten Satz – Einstieg und Schlusspunkt sollten sitzen.

3. Achten Sie auf Ihre drei Kernbotschaften, die Sie auch nachts im Schlaf aufsagen können.

4. Achten Sie auf die Gestaltung Ihrer Performance durch den Aufbau einer Dramaturgie (z. B. Einleitung, Hauptteil, Schluss), durch einen Spannungsbogen, den Sie schaffen (z. B. zu Beginn etwas ankündigen, das erst am Ende aufgelöst wird) oder durch Fragen, die Sie dem Publikum stellen oder durch Aktionen und Inszenierungen.

TIPPS & TOOLS

17

5. Achten Sie auf Ihre Körpersprache (Mimik, Gestik, Körper-haltung, Stimme, Kleidung, Ausstrahlung).

6. Denken Sie immer an die Trias Kopf (Inhalte), Herz (Emotionen) und Bauch (Intuition).

7. Lassen Sie beim Präsentieren Ihren Verstand fühlen und Ihr Herz denken.

3.1 Herkunft ist nicht alles

Vom WOW-Moment zur WOW-Persönlichkeit

Das Wesen unserer Persönlichkeit wird uns in die Wiege gelegt. Was dann entscheidet, sind die Umgebungsbedingungen, unter denen wir – besser oder schlechter – gedeihen können.

Von meiner Herkunft her bin ich eigentlich eher der Typ „graue Maus", selbst wenn ich das inzwischen weit hinter mir gelassen habe. Als Kind der DDR wurde ich zur Uniformität und Unscheinbarkeit angehalten in einem Staat, der den Kommunismus mit gleichförmigen „allseits ent-wickelten sozialistischen Persönlichkeiten" errichten wollte, so hieß das damals wirklich.

Aufgewachsen bin ich in Leipzig, das in den 70er- und 80er-Jahren noch nachkriegsähnlich und ruinös aussah mit Einschusslöchern in bröckelnden Häuserwänden – mit der lebendigen und attraktiven Me-tropole von heute nicht mehr zu vergleichen. Durch die vielen Braunkohleheizungen und die ortsansäs-sige Chemieindustrie wirkte die Stadt damals stinkig, grau und dreckig. Mehr dazu in meinem Buch „Typisch Ossi – Typisch Wessi", Bertelsmann 2005.

Meine Eltern waren kriegsgeschädigte Kinder und Vertriebene aus Schlesien, die allein mit ihren Müt-tern auf der Flucht durchkommen mussten, weil der eine Vater bereits im Bergbau tödlich verunglückt war und der andere in englischer Kriegsgefangenschaft.

In Ostdeutschland angekommen, waren sie alles andere als erwünscht. Sie mussten Hunger leiden und frieren, weil sie kaum etwas zu essen bekamen und für die kalten Wintermonate keine passende Kleidung hatten, noch nicht einmal wärmende Schuhe. So wurden sie für ein Leben im Überlebensmodus geprägt, was bedeutete: Nichts wegschmeißen, weil man es früher oder später sicher noch für irgendetwas gebrauchen könnte; extrem fleißig und sparsam sein; nicht auffallen und Ausschau halten, wie man am besten durchkommen kann.

Zweifelsohne habe ich das als Kind unbewusst übernommen, denn von Geburt an orientieren wir uns an unseren Bezugspersonen, lernen daraus, wie wir sie erleben und bilden entsprechende Verhaltensmuster aus. Nicht alles davon ist im späteren Leben nützlich.

TIPPS & TOOLS 18

Reflexion Herkunft

Es ist aufschlussreich, sich mit der eigenen Herkunft und Prägung auseinanderzusetzen und sich die Frage zu stellen, was die Herkunft damit zu tun hat, wie Sie heute im Leben stehen und sich präsentieren?

Von welchen Erfahrungen wurden Sie am meisten beeinflusst? Welche Sehnsucht treibt Sie deshalb an?

Bei mir gab es immer eine Sehnsucht nach „MEHR", die mich vorangetrieben hat. Ich wollte mehr als die Begrenztheiten der DDR, mehr als ein Leben im Überlebensmodus und in Unfreiheit. Und so haben sich aus dem Erleben meiner Eltern und aus dem Erleben der Plan- und Mangelwirtschaft der DDR schlussendlich auch unschlagbarere Vorteile entwickelt.

Herkunft ist nicht immer hilfreich, kann aber Ansporn für Veränderung sein.

Ich habe wie viele andere DDR-Bürger gelernt, aus dem Nichts etwas zu machen, mit wenig improvisieren zu können und kreativ zu sein. Ich lernte, auch dort Wege zu suchen, wo erst mal nur Mauern sind und Grenzen zu überwinden. So habe ich immer von einem besseren Leben geträumt, was mich wunderbar angespornt hat. Alles Stärken, von denen ich bis heute profitiere. **Mein Streben nach „MEHR" führte mich schließlich zu meinem ganz persönlichen WOW-Moment.**

Es war nach meiner Republikflucht in den Westen, als ich mich für ein Stipendium beworben hatte, weil mich meine Eltern, die noch in der DDR lebten, finanziell nicht unterstützen konnten. So landete ich bei einem Eignungstest für eine journalistische Nachwuchsförderung der Konrad-Adenauer-Stiftung mit Seminaren in Print, Hörfunk und Fernsehen – im Übrigen, ohne dass ich jemals politisch beeinflusst worden wäre, wofür ich dieser Stiftung bis heute sehr dankbar bin.

Es geht um das Suchen und Finden des WOW-Moments.

Schließlich war es das TV-Seminar, was mein Herz berührte, weil mich die Kombination aus Bild, Ton und Text faszinierte. Jetzt war ich herausgefordert, meine Ängste zu überwinden und nicht nur stumm vor mich hin zu texten, sondern ins Reden zu kommen. Zunächst hinter und dann alsbald auch vor der Kamera. Wieder und wieder lernte ich, mich zu überwinden und über mich hinauszuwachsen, weil ich in diesem Beruf Fuß fassen wollte, was mir ja schließlich auch gelang.

Meine Bilanz bis heute

- **Rund 3.500 Sendungen und Sondersendungen für ARD, ZDF, 3sat in über 15 Jahren Fernseharbeit.**

- **Rund 1.500 Veranstaltungen als Bühnen-Moderatorin angefangen vom Deutsch-Chinesischen Forum mit dem chinesischen Ministerpräsidenten und der Bundeskanzlerin über die Moderation der Einweihung der Frauenkirche in Dresden bis hin zu diversen Kongressen z. B. zur Nationalen Stadtentwicklungspolitik in Hamburg, München, Berlin, Nürnberg, Köln oder Frankfurt am Main, aber auch Moderationen für Unternehmen, Banken, Verbände und Institutionen**

- **Rund 2.000 Diskussionen mit herausragenden Politiker*innen, Denker*innen und Wissenschaftler*innen.**

- **Fünf Bücher und Hunderte Artikel in Zeitungen, Zeitschriften und Sammelbänden.**

- **Eigener YouTube-Kanal „WERTvoll zum Erfolg"**

ARD
„FAKT"

ZDF
Umwelt

„WISO"
Wirtschaftsmagazin

Ob Sendungen oder Sondersendungen, kleine oder große Veranstaltungsmoderationen – meine Arbeit bereitet mir viel Freude und ist eine Herzenssache.

3sat

3sat

nano-serie

3SAT
„NANO"

MDR

mdr
FERNSEHEN

mdr
FERNSEHEN
JoJo
Das Job-Journal

mdr
FERNSEHEN
nah_dran

Angela Elis

MIT DER „IJP" WAR ICH
IN DEN USA UND LERNTE
DREHEN UND CUTTEN.

Ob hitzige Diskussion oder Einweihung der
Frauenkirche – ob Reportage im Schnorchel-
paradies oder Firmenjubiläum oder aber
Bundeskongress – die Moderatorentätigkeit
ist aus meinem Leben nicht wegzudenken
und bietet viel Abwechslung.

MODERATIONEN FÜR
UNTERNEHMEN, VERBÄNDE,
POLITIK UND GESELLSCHAFT

MODERATIONEN
FÜR DIE
WISSENSCHAFT

PREISVERLEIHUNGEN
DISKUSSIONEN
FIRMENFEIERN

„Mit Ihrer erfrischenden und fachlich versierten Art haben Sie dazu beigetragen, dass wir eine aus meiner Sicht kontroverse, aber stets faire und an der Sache orientierte Debatte erleben durften." (Paul Ziemiak, MdB)

„Der Empfang ‚Gemeinsam geht's – Profis helfen Kindern und Eltern' ... war eine rundum gelungene, lebendige und inspirierende Veranstaltung. Das ist ganz besonders auch Ihrer anregenden Moderation zu verdanken." (Angela Merkel)

MODERATIONEN FÜR DIE POLITIK: OB BUNDESPRÄSIDENT ODER KANZLERIN – ICH HATTE SIE ALLE AUF DER BÜHNE ODER VOR DER KAMERA.

Der geplumpste Engel

Angela Elis ist die Ost-Angela des Fernsehens. Sie moderiert „nano", das 3sat-Wissenschaftsmagazin. Ein Porträt

Top that, nigger! verlangte einst Jerry Lee Lewis, zündete das Klavier an, auf dem er gerockt hatte, stand auf und überließ höhnisch grinsend Chuck Berry die Bühne.

Eine schöne Geschichte. Die folgende ist auch wahr, aber gewaltfrei, spielt nicht in den amerikanischen Südstaaten, sondern vor allem in den deutschen Ostländern, und warum anfangs die Altrocker erwähnt wurden, erfährt man erst am Ende. Es gibt zwei Handlungsebenen, eine ist das wahre Leben, eine die Ware Fernsehen. Es spielen starke Typen mit, aber nur eine Biografie fällt aus dem Rahmen.

Die Frau, einst ein Mädchen aus Leipzig, heißt Angela Elis, ist „knapp über Mitte dreißig", hat freche Sommersprossen und rote Haare, fährt einen Opel Kombi mit Kindersitz, und wenn sie lacht, was sie oft tut, lachen ihre Augen mit. Sie hat Theologie, Psychoanalyse, Kunstgeschichte studiert, durchaus mit heißem Bemühen, und könnte von sich behaupten, gebildet zu sein. Was gute Voraussetzungen wären für eine Karriere in der Abteilung „Christentum in dieser Zeit - Segen oder Fluch?" des Rundfunks.

Auch die Männer ihres öffentlichen Lebens, die abwechselnd mit ihr im wöchentlichen Rhythmus auf 3sat das Magazin *nano* präsentieren und erklären, was die Welt im Innersten zusammenhält, hätten auf Grund ihrer Ausund Vorbildung bei vielen Sendern keine Chance. Kompetent angelesen statt präpotent abgelesen stellen sie Aktuelles aus Forschung, Natur, Geisteswissenschaft, Technik vor und lassen nichts zwischen Himmel und Erde aus, wovon die Schulweisheit nur träumen ließ. Ingolf Baur hat Physik und Astronomie studiert, war danach so klug äs wie zuvor, hing ein Gesangsstudium an, spielte Theater und weiß Texte zu sprechen. „Jetzt nur noch eigene. Das gilt auch für die anderen: Sie lassen sich nichts vorschreiben, sie schreiben selbst. Weil sie nur dann reden, wenn sie etwas verstanden haben, verstehen sie die Zuschauer. Stefan Schulze-Hausmann, der dritte, ist Rechtsanwalt, hat schon während seines Jurastudiums beim ZDF moderiert und bei 3sat das Automagazin tips und trends mobil, bevor er eine Nische auf seinem Niveau fand, bei nano.

„Was die Leute wirklich wollten, das gab es nicht"

Da agieren außerdem viele in den Kulissen, die ungebrochen ernst nehmen, was in Staatsverträgen steht und als Bildungsauftrag belächelt wird. Fachredakteure von ARD und ZDF und SRG und ORF, deren Wissen oft nur gefragt war bei Sondersendungen oder 30-Sekunden-Häppchen für Nachrichten, sind die Macherinnen und Macher von nano. Seit dem Urknall am 1. Dezember 1999 läuft das ambitionierte Projekt eines werktäglichen Wissenschaftsmagazins ohne Stottern. Die Quote, wie seltsam, dürfe die Redaktion nicht bekannt geben. Immerhin, was in 3sat auf dem 18.30 Uhr-Sendeplatz in dreißig Minuten gelassen vermittelt wird, füllt inzwischen unter www.3sat.de/nano achttausend online anklickbare Seiten.

Nano an sich, etwa das Millionstel eines Millimeters, ist gegenwärtig das spannendste Synonym für Zukunft, die Technologie von immer kleiner werdenden Chips und Instrumenten für Industrie und Forschung. nano als solches ist eine daily soap für den Kopf. Gedacht als Orientierung, produziert als Training für Gehirne, nie wertfrei in Aufklären Raum gesendet. Bilder von

Das ist Angela Elis. Sie studierte Theologie in Leipzig und präsentiert Aktuelles aus Forschung, Natur, Geisteswissenschaft und Technik. Am morgigen Sonntag leitet sie ein ZDF-Spezial (13.15 Uhr) über die Ökobomben als Folgen des Hochwassers. Foto: MDR

wenn Fernsehen nicht nur für Simpel gemacht wird. Regelmäßige Einnahme von nano verhindert erschrockenes Nanu nach Pisa.

Eine im zweiten Absatz dieses Artikels als simple Beobachtung notierte Feststellung, dass die etwas anregende Angela aus dem Osten anregend locken kann, ist deshalb ein Teil der nano-Erfolgsgeschichte. Da Angela Elis nämlich in zwei Branchen auftritt, in denen beschränkte Männer mehr zu sagen haben als eine unbeschränkte Frau sagen darf - in den Medien und der Wissenschaft - ist sie eine nähere Betrachtung wert.

Ihre Geschichte, die aus dem wahren Leben, beginnt jetzt: Engel wurden zu DDR-Zeiten ganz offiziell Jahresendfiguren mit Flügeln genannt, durften frei nicht fliegen, weil Habichte der Stasi sie unsanft zur Landung gezwungen hätten. „Also plumpste ich wohl einfach runter und war da."

Die Eltern von Angela Elis gehörten wie sie nicht der alles im Diesseits versprechenden Partei an, und deshalb wurde ihre Tochter zum Abitur nicht zugelassen. Die Alternative, stets unter Beobachtung, wovon sie nach der Akte erfuhr, aber bis heute nicht weiß, welcher Freund sich zur Wende als Akte erfuhr, aber bis heute nicht weiß, welcher Freund sich ... „M. Decknamen „Schnee... ... Lehre als

Wunschkind vom Weihnachtsmann

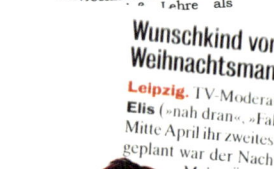

Leipzig. TV-Moderatorin **Angela Elis** („nah dran«, »Fakt«) erwartet Mitte April ihr zweites Kind. Direkt geplant war der Nachwuchs nicht: „Meine Ärztin hatte gesagt, dieses Thema sei für mich durch... Aber nach dem ersten Schock habe ich mich riesig gefreut!" Was es wird, möchte sie noch nicht verraten: „Nur so viel: Es ist genau das, was meine Tochter Lilly dem Weihnachtsmann auf den Wunschzettel geschrieben hat."

■ **Babybauch** Strahlend schön zeigt sich die hochschwangere Angela Elis

Onkels in Frankfurt am Main und fand sich irgendwann, „mit Drei-Tage-Genehmigung im Pass, verblüfft im Zug wieder, der durch Dunkeldeutschland nach Dünkeldeutschland fuhr. Sie hörte Herbert Grönemeyers „Jetzt oder nie", das ihr der Vater in einem Kassettenmitschnitt mitgegeben und sich wohl unausgesprochen etwas dabei gedacht hatte, und sie entschied sich gegen das nie. Es war getan. Wer auch hätte sich denken können, dass schon ein Jahr darauf nie keine Alternative mehr war.

Sie blieb in Frankfurt, betrieb im Glauben fest das Studium der Theologie. *Die* gegen den Druck der Herrschenden dort antrainierte Kraft half auch gegen die hier herrschende Kraft der Bürokraten, bis ihre Hochschulreife Ost anerkannt wurde. Kunstgeschichte und Psychoanalyse ergänzten bis zum Abschluss Magister das Ur-Fach Theologie.

Die Zukunft bot drei anständige Möglichkeiten: Pastorin, Dozentin, Therapeutin, aber der geplumpste Engel träumte

„Die waren doch sehr verblüfft, dass ich eine von ihnen war"

... anständigen Beruf, und ... Volontariat ... ndfunk. Dort ... Handwerk der ... schau, wem, ... der Karriere ... was keinen ... weiter interes... nicht so weiter, ... chte der ande... ließlich nicht so

... unter dem Wol... wollte sie zurück ... Vergangenheit, ... Frankfurt, Main, ... MDR, Dresden, als ... Sendung, deren ... ihrem bisherigen ... prachen, aber ihre ... auf das, was die ... en zusammen hält: ... sh. Das Neue an ... Brisant und wurde ... ner. Wenn auf der ... sicherere Tussis von ... wurde, und auch

sie gemeint war, „verfiel ich in meinen heimatlichen Dialekt, das tiefste Sächsisch, und dann waren die doch ziemlich verblüfft, dass ich eine von ihnen war". Eine von hüben, die aus drüben zurückgekommen war nach hüben.

Ab 1993 moderierte sie für den MDR die Ratgebersendung Teletroph, das Mittagsmagazin Dabei ab zwei, das Wirtschaftsmagazin Umschau und den Talkrunde Auf den Punkt. Den ihren fand sie auch. Das war deutlich zu sehen, doch sichtbar zum falschen Zeitpunkt. Denn es kam ein verlockendes Angebot aus dem Westen. „Da dachte ich, okay, wolltest Mutter werden und hast dich für das Kind entschieden und das ist nun der Preis." Zum Casting für eine geplante 3sat-Sendung war sie nämlich im Mai 1999 kurz vor der Geburt ihrer ersten Tochter Lilly eingeladen worden. Im August riefen die aber wieder an: Jetzt müssten Sie doch eigentlich entbunden haben und reisefähig sein, Frau Elis?

War sie. Und bekam den Job, weil sie Bildschirmpräsenz hatte, was der Anrufer früh erkannt hatte.

Seitdem fliegt sie regelmäßig zu nano nach Mainz, dem Magazin der Wissensgesellschaft, moderiert regelmäßig dort auch die zdf.umwelt am Sonntag, aber in Leipzig. Das Studium der Theologie nützt ihr sogar, streng dialektisch betrachtet, denn da waren Zweifel an Gott nicht erwünscht, in der Wissenschaft sind sie bei Gott gewollt. Angela Elis hat in der Ware Fernsehen gefunden, was sie sie im Leben suchte: Heimat. Da sie aber aus Erfahrung weiß, wie plötzlich es auf Schienen landen kann, die in ganz andere Richtungen führen, plant sie nicht für die Zukunft.

In der Gegenwart also könnte die Ost-West-Ost Geschichte enden, doch gäbe es noch einen anderen Schluss. Ein Mann von Macht und Einfluss würde sich Gedanken machen, wie er die Frau langfristig an sich binden kann. Zwischen Morgenmagazinen der ARD und ZDF und den Nachtjournalen liegt eine weite Medienlandschaft. Voraussetzungen für eine Anpflanzung bringt Angela Elis mit: weiblich, attraktiv, naher Osten und intelligent. Top that, Wessi!

MICHAEL JÜR...

Auch mit dem 2. Kind ging's vor die Kamera.

Fakt ist … Diese Frau schultert Kind und Karriere

Um es vorwegzunehmen: Auch wenn sie Begriffe wie „Karriere" und „allein erziehend" nicht mag, bekommt sie doch beides bestens unter einen Hut. Dazu ist sie derzeit eines der **erfolgreichsten „TV-Gesichter"** aus dem Osten: Angela Elis. Grund genug, die neue Moderatorin des ARD-Nachrichtenmagazins „Fakt" zu einem Treffen einzuladen. Ein Gespräch über Klischees, Risikobereitschaft und natürlich Kinder.

A llein erziehend - irgendwie hat das so einen negativen Touch". Angela Elis sucht kurz nach einer anderen Umschreibung. „Aber was soll's, so ist es nun mal."

Zwischen Kindergarten und Gute-Nacht-Geschichten ist sie eines der erfolgreichsten Fernsehgesichter des Ostens. Und das, obwohl sie eigentlich Theologie studierte, eine Ausbildung zur Gemeindediakonin absolvierte und ihr erstes „großes" TV-Casting wegen Babybauch absagen musste.

Als Angela Elis zu unserem Treffen kommt, trägt sie lässig Freizeit-Look. Keine Spur von der Karrierefrau, die noch einen Abend zuvor Oskar Lafontaine und Georg Milbradt mit knallharten Fragen konfrontierte.

Lilly, ihre Tochter, sei etwas kränklich, dazu gestern neben „Fakt" die erste „Fakt ist …"-Sendung und morgen gehe es in den Urlaub.

Und sie müsse noch packen. Und das in einem so entspannten Ton, dass Klischees über alleinerziehende Mütter, die noch dazu in einem stressigen Job Karriere machen, ständig unter Anspannung stehen, bröckeln. „Karriere – das klingt auch irgendwie komisch. Als wenn man verbissen und ganz gezielt auf ein Ziel hingearbeitet hat." Habe sie aber nicht, wie ja schon ihr Lebenslauf eindeutig belege. In Kurzform: Aufgewachsen in Leipzig, nach der Schule (wegen des kirchlichen Elternhauses wurde ihr das Abi verwehrt) eine Ausbildung zum Gebrauchswerber, lebte ein Jahr in einem Kloster um sich neu zu orientieren, machte eine Ausbildung zur Gemeinde-Diakonin in der Kinder- und Altenpflege, studierte (dank persönlichem Einsatz des Bischofs) auch ohne Abi Theologie.

1988 durfte sie im Zuge der DDR-Reiseerleichterungen zum 60. ihres Onkels nach Frankfurt/Main - und blieb. Sie studierte weiter, nahm noch Psychoanalyse und Kunstgeschichte dazu, absolvierte beim Hessi-

schen Rundfunk ein Volontariat, moderierte erste Sendungen.

Hochschwanger musste sie das erste „große" Casting für das 3sat-Wissenschaftsmagazin „nano" absagen. „Das mals war ich schon traurig. Die Chance meines Lebens. Dachte, das wäre wohl der Preis: Kind oder Karriere. Doch drei Monate später kam ein Anruf - mitten in der Stillzeit. Ich bekam den Job."

Seit März moderiert sie, zusammen mit Annett Glatz, den Polit-Talk „Fakt ist …" (vorher „Escher und Elis"), ist das neue Gesicht des ARD-Nachrichtenmagazins „Fakt" und weiterhin das vom job-Journal „JoJo" und von „nano".

Seit ihrem Umzug von Hamburg nach Leipzig wohnt sie in einem Haus mit ihren Eltern, die auch auf Tochter Lilly aufpassen, wenn ihre Mutter mal länger arbeiten muss. „Ich komme von der Uni und, als wenn ein Schalter umlegt, bin sofort Mutter." Klingt alles ganz einfach. „Was ist schon einfach", sagt sie. „Ich kenne Menschen, die kommen jeden Tag von ihrem geregelten Job pünktlich nach Hause und haben sonst nichts um die Ohren. Dennoch wirken sie nicht wirklich glücklich und zufrieden."

Mutter sein, hieße aber auch, ständig alles zu organisieren, nie ausschlafen, immer Verantwortung tragen. „Und", so setzt sie nach, „das klingt jetzt so richtig kitschig: Ich würde nie tauschen!" ∎

01 **Spagat gelungen.** Angela Elis gilt als eines der erfolgreichsten TV-Gesichter aus dem Osten. Hier im knallharten Talk mit Oskar Lafontaine, Moderatorin Annett Glatz und Georg Milbradt.

02 **Zugleich managt sie als allein erziehende Mutter ihre kleine Familie.**

01 / 02

Sechs, teilweise klischeebehaftete, Stichworte. Und sechs persönliche Antworten von Angela Elis.

Feministinnen
Sind sicherlich wichtig - ich bin keine. Aber ich fände es toll, wenn Frauen ihre Begabungen auch im Beruf ausleben könnten. Und dann auch genau…

Powerfrau
Oh je! (Kurze Pause) Ich glaube nicht, dass die Powerfrau an sich gibt. Es gehören immer Momente dazu, in denen man sich auch mal schlapp fühlen darf.

Familie
Die wichtigste Basis!

Fußball
Kann ich mich…

mei-1 Fahrer verdienen, eigentlich Notärzten und Pflegepersonal zusteht.

Risikobereitschaft
Oh ja! Sonst hätte ich nicht so gelebt, wie ich es getan habe – dazu gehört auch das Verlassen der DDR. Wer nicht wagt, der nicht…

Angela Elis

Das Stärkste am Osten sind auf jeden Fall die Menschen! Die große Mehrheit hat seit 15 Jahren im ständigen Wandel mitgehalten. Und es hat sich ja fast alles geändert: Von den Straßennamen übers Berufsleben bis hin zu Schulstrukturen, Krankenversicherungen, den Geldanlagen und der Steuererklärung. Die Mehrheit aller Ostdeutschen musste sich zudem berufsmäßig völlig neu orientieren, weil die meisten Betriebe umstrukturiert wurden, es viele überhaupt nicht mehr gibt! Ich kenne zum Beispiel eine unverwüstliche Taxifahrerin, die früher ihre Chefs vom Chemiekombinat fuhr und dann arbeitslos wurde. Damit ihr zu Hause nicht die Decke auf den Kopf fällt, setzt sie sich jetzt jede Nacht ins Taxi und schlägt sich auf dem schwierigen Leipziger Markt durch. Bewundernswert.

PROGRAMMAUFTRAG: STARKER OSTEN.
MISSION O!

Sie sind die **Gesichter** der großen **„Mission O"**-Kampagne: Peter Escher, Angela Elis, Axel Bulthaupt. Doch woran liegt es, dass die drei den Osten eigentlich so toll finden? *mittendrin* hat nachgefragt.

IHR HABT ANGST VOR DER EINHEIT, WESSIS

Sie haben gut verdient nach der Wende. Nun aber, da die Milliarden kassiert sind und es ums Zusammenleben geht, da kneifen die Wessis – und jammern. *Eine Antwort von Angela Elis*

Wer noch Rechnungen offen hat, kann nicht in Frieden leben, auch nicht in Freiheit. Ossis und Wessis haben untereinander offene Rechnungen. Viele. Den fettesten Posten auf der Soll-Seite monieren – ja, wer wohl? – die aus dem Westen: Wir hätten ihre Milliarden verplempert, stöhnen sie. Verdrängen, dass auch wir Ossis Solidaritätszuschlag zahlen. Übersehen, dass wir ihnen nicht nur jede Menge Baumarktkram, sondern vom Auto bis zum Videorecorder alles abgekauft haben. Wir Ostler, über zehn Millionen neue Konsumenten, schoben im Kaufrausch der Einheitsjahre eure Konjunktur kräftig an. Statt wenigstens dafür dankbar zu sein, schwadroniert der Westler: „Ostmilchmädchenrechnung" – und ignoriert, was ihm nicht ins Weltbild passt. Unfähig, eine andere als seine Wahrheit zu ertragen, rechnet er uns liebend gern vor, welche Lorbeeren er sich angeblich verdient hat, ohne zuzugeben, wie viel er an uns verdiente.

Langsam aber vergeht selbst den anderen Deutschen das Siegerlachen. Deshalb die neue Strategie: Der Wessi stellt sich als Opfer dar. Jetzt, da die Goldgräberstimmung bei uns im Osten vorbei ist, Herrenhäuser in bester Innenstadtlage oder am See steuerlich abgeschrieben sind und die Mieteinnahmen weniger werden, fällt euch nichts anderes ein, als über das Billionengrab Ost zu klagen und euch zu weigern, die Pflege zu verlängern. Koste es, was es wolle ... und sei es um den Preis des gesamtdeutschen Untergangs.

Wütend starrt ihr auf unsere neugebauten Straßen, zählt erregt die wenigen Spaßbäder auf, entdeckt Bauruinen auch bei euch zu Lande und habt das Anhängsel Ost satt. So ist das, wenn Vernunftehen vor dem Altar der deutschen Einheit aus politischen Gründen geschlossen werden, es an geistiger und sozialer Einheit mangelt.

Klar, ein klares „ja, ich will" war wohl kaum für Bruder West für seine Schwester Ost nicht zu erwarten. Hatten wir sie doch überrumpelt mit dem Mauerfall über Nacht. Passierte doch keinesweise etwas, was auf die Wessis bestimmt hatten. Eine derartig mutige Selbstbefreiung von einem diktatorischen System lag für sie außerhalb ihrer Vorstellungskraft. Die Westler hatten ihre Freiheit nicht erkämpft, sondern geschenkt bekommen. Feiern deshalb die freudvolle Seite der Freiheit, die Mühen mit ihr begreifen sie nicht.

Deshalb wurde bis heute auch nur den wenigsten von den wenigen Freiheitskämpfern aus der DDR, die aufgrund von Haft und Verfolgung körperlichen oder materiellen Schaden erlitten haben, eine Entschädigung zugestanden. Die meisten wurden mit Formularstapeln an den Rand der Verzweiflung gebracht.

Lustvoll tranken die Wessis noch mit, als wir ihnen im November 1989 die Flasche mit unserem Rotkäppchen-Sekt reichten. Aber nachdem die erste Euphorie verflogen war, muffelte uns nur noch ein schlaffes „nun ja, jetzt leben wir eben zusammen" an. Wer die neue Braut wirklich war, was sie zu erzählen und an Reizen zu bieten hatte, interessierte den satten, ichbezogenen Bräutigam nicht. Der Westler hat sich seine Meinung schon immer gebildet, ohne hinzuhören oder hinzuschauen. So erklärt sich, warum der Wessi die Wirtschaftskraft der DDR total überschätzte und glaubte, das sozialistische Nachbarland gehöre zu den zehn stärksten Industrienationen der Welt. Das war der größte Bär, den der klapprige Honecker dem dicken Kohl aufgebunden hat. Was können wir dafür, dass ihr auf unseren verwirrten Übervater reingefallen seid? Wir wussten, dass man mit einer Planwirtschaft, die vom Brötchen bis zum Betriebsferienplatz alles subventioniert, nicht sehr weit kommen kann. Noch wussten wir allerdings nicht, wie schwierig es in der Marktwirtschaft werden kann, wenn der Mensch zum Kostenfaktor verkommt.

Wir DDR-Bürger waren daran gewöhnt, mit Westbekannten unsere „Fleppen" oder „Aluchips" eins zu zehn gegen deren harte Währung zu tauschen, um mal im Intershop Kaffee oder Westjeans zu kaufen. Kein Ossi hätte sich nach der Wende über einen ähnlichen Umtauschkurs beschwert. Wir wollten nur endlich auch die D-Mark haben. Als es allerdings hieß, der Kurs sei eins zu eins, na klar, das haben wir gern angenommen. So dumm, bei dem Angebot „nein, danke" zu sagen, wollten wir nicht sein.

Heute wissen wir, das waren die größten Fehler im Prozess der Vereinigung. Der Prahlhans West hatte sich verhoben mit der Überbewertung der DDR-Währung und -Wirtschaft. Doch statt fortan gemeinsam neue Wege zu gehen, habt ihr uns an den Geldtropf gehängt, damit wir irgendwann nie aus Westmündern zu hören. Als es anfing, schief zu laufen, da habt ihr euch bemitleidet und uns für die Misere verantwortlich gemacht. Das steht auf unserer offenen Rechnung.

Von der falschen Bewertung des Ostens wechselte der Wessi flott zur kompletten Entwertung des Ostens. All das von uns gelebte Leben wurde mit Pauschalurteilen platt gemacht. Ab in den Ab-

Graffiti in Berlin

Angela Elis, Jahrgang 1966, moderiert das ARD-Magazin „Fakt" und hat zusammen mit Michael Jürgs das Buch „Typisch Ossi, typisch Wessi" geschrieben. Elis lebt in Leipzig.

22.05 Polittalk

Neu: Elis und Escher

Angela Elis und Peter Escher melden sich live vom Hauptbahnhof Leipzig, wo sich Prominente zum Polittalk eingefunden haben. Fragen der Zuschauer an die Talk-Gäste sind erwünscht.

---

mittendrin mdr

GRATIS

lesen, was alle hören und sehen

Angela Elis: Das ist meine Tochter Lilly!

Karriere oder Kind? Vor dieser Frage stehen die meisten Frauen einmal. Eine, die beides unter einen Hut bekommen hat, ist Angela Elis. Inzwischen ist die allein erziehende Mutter eines der bekanntesten TV-Gesichter aus dem Osten. Seite 6

	Name	Medium	Begründung
1	Joachim Bublath	ZDF	„Punkt für die Wissenschaft"
2	Patrick Illinger	„SZ Wissen"	„Hoher Standard"
3	Angela Elis	„nano" / 3sat	„Engagierte Haltung"
4	Helmar Willi Weitzel	„Willi will's wissen", ARD	„Beste Reportertugenden"
5	Michael Schaper	„Geo Wissen"	„Mit Geo Akzente gesetzt"
6	Carsten Schwanke	„Abenteuer Wissenschaft", ZDF	„Kompetente Moderationen"
7	Thomas Vasek	„P.M.-Magazin"	„Schwung für Traditionsmarke"
8	Sabine Kartte	„Stern Gesund leben"	„Lebendig und vielseitig"
9	R. Caspers, S. Reeves	„Wissen macht Ah!", WDR	„Spannend für klein & groß"
10	Gabor Paal	SWR Baden-Baden	„Einzigartig gute Sendungen"

3

Angela Elis
3sat „nano"

Begründung: „Angela Elis hat sich in der Männerdomäne Wissenschaft und Forschung mit wacher Intelligenz behauptet und es geschafft, selbst die schwierigsten Themen so auf den Punkt hin zu moderieren, dass man begreift, was die Welt im Innersten zusammenhält.

Jurystimmen: „Vermittelt Wissenschaft, so dass jeder sie versteht" / „Zeigt Haltung und Verstand"

„Es war eine Revolution"

Podiumsdiskussion über die turbulenten Monate vor und nach dem Mauerfall

Diskutierten über den Mauerfall, persönliche Erfahrungen mit der Stasi und die deutschen Lehren seit 1990: Eberhard Diepgen, Petra Gerster, Wedemeier, Angela Elis und Johano Strasser (von links).
FOTO: FRANK THOMAS

VON MARCUS SCHUSTER

„... Viele von uns hätten doch nicht geglaubt, dass wir die Deutsche Einheit eines Tages noch erleben werden", sagte Bremens Alt-Bürgermeister Klaus Wedemeier gestern Abend auf einer Podiumsdiskussion. Die Veranstaltung des WESER-KURIER und des Verlags Hermann Lingen...

furt am Main ein Drei-Tages-Visum bekam, sich erst spontan vor Ort entschloss: „Wenn du jetzt zurückfährst, kommst du da nie wieder raus."

Das Schlimmste sei die staatliche Willkür gewesen, sagte Elis. Dem einen sei bei einem Ausreiseantrag nichts passiert, der andere musste gleich ins Gefängnis. Daher habe sie einen Ausreiseversuch zuvor nie riskiert.

Städtepartnerschaft mit Rostock

... erinnerte sich an die ersten Tage der Partnerschaft zwischen...

Eberhard Diepgen war ausgerechnet zwischen 1989 und 1991 nicht im Amt. „Es war ein Stich", gibt er zu. Den weltweit gewerteten Begriff der „Wende" hält er für eine Missachtung der Revolution in der DDR. „Es war zweifellos eine Revolution, nicht für die Menschen. Es war ja 1990 unklar, ob die Sowjets eingreifen, die Nationale Volksarmee der DDR.

Johano Strasser reiste am Tag des Mauerfalls von Berlin nach München. Erst zuhause habe er es von seiner Frau erfahren. „... mir sind die Tränen gelaufen". Er forderte die Westdeutschen auf, die ostdeutsche Vergangenheit als ihre eigene anzusehen. „Das Ende der DDR war eine gemeinsame..." Strasser.

Morgen gucken: Die Umwelt-Frau vom ZDF kommt aus Leipzig

Von WILLEM A. TELL

Leipzigs TV-Nachwuchs kommt! Nach Leipzigs Sat1-Star Kai Pflaume und ZDF-Sportexpertin Kristin Otto geht jetzt das nächste Fernseh-Talent aus unserer Stadt bundesweit auf Sendung: Ab Sonntag moderiert Angela M. Elis (37) das neue TV-Magazin „ZDF Umwelt".

Die Leipziger Angela M. Elis moderiert Sonntag um 13.15 Uhr das Magazin „ZDF Umwelt".
Foto: ZDF

Wie macht eine Leipzigerin TV-Karriere? Elis: „Erst arbeitete ich in der MDR-Wirtschaftsredaktion, wo auch meine Tätigkeit als Moderatorin begann. Es folgten Moderationen bei der Ratgebersendung *Telethek*, dem Mittagsmagazin *Dabei ab 2* und der Talkrunde *Auf den Punkt*. Der nationale Durchbruch kam 1999 mit der 3-Sat-Sendung *nano*."

Wie sieht ihr neuer Job beim ZDF aus? Elis: „Ab morgen präsentiere ich alle zwei Wochen im Umwelt-Magazin naturnahes Fernsehen. Da gibts dann auch Tipps zu Öko-Produkten und gesunder Ernährung."

ihr wecker klingelt früher

Angela Elis moderiert „dabei ab zwei"

Im neuen Jahr klingelt der Wecker bei Angela Elis ein paar Stunden früher. Wenn sie im wöchentlichen Wechsel mit Oliver Nix und Frank Liehr das neue Mittagsmagazin „dabei ab zwei" moderiert, muß sie sich schon am Morgen auf die aktuellen Tagesthemen vorbereiten. Bisher war die sympathische Moderatorin nur am frühen Abend im MDR FERNSEHEN zu sehen: Seit 1996 moderiert sie die Ratgebersendung „Telethek". Auf ihre zusätzliche Aufgabe bei „dabei ab zwei" ist die 35jährige sehr gespannt: „Auf das Aktuelle vom Tage sofort zu reagieren und den Zuschauer schon am Mittag zu informieren, sehe ich als große Herausforderung." Klar, daß der Druck damit auch für sie größer wird. Doch dem

sieht Angela Elis gelassen entgegen: „In „dabei ab zwei" steht neben der Aktualität und der Unterhaltung der Service für den Zuschauer im Blickpunkt. Meine Erfahrungen als Moderatorin eines Ratgebermagazins kommen mir hier zugute."

Und auch sonst kann Angela Elis auf eine außergewöhnliche und vielseitige Ausbildung zurückblicken. Nach ihrer Schulzeit absolvierte sie eine Facharbeiterausbildung als Werbemittelherstellerin. Das konnte die aufgeschlossene und ehrgeizige junge Frau jedoch nicht befriedigen. Sie wechselte zur Kirche und ließ sich zur Gemeindediakonin für Kinder- und Jugendarbeit ausbilden. 1985 folgte das Studium der Theologie. Während ihrer Studienzeit in

Leipzig, Berlin und Frankfurt am Main begann sie, als freie Journalistin zu arbeiten, zunächst für Zeitungen, dann auch für's Fernsehen.

Nach ihrem Magisterabschluß in Theologie, Kunstgeschichte und Psychoanalyse trat sie ein Volontariat beim Hessischen Rundfunk an. 1993 schließlich erhielt sie ein Angebot vom MDR. Zunächst arbeitete Angela Elis als Redakteurin bei „Brisant", dem Boulevardmagazin der ARD, dann beim Wirtschaftsmagazin „Umschau". Der Sprung von der Redakteurin zur Moderatorin kam eher zufällig. „Bei einer Probemoderation merkte ich, wie sehr es mich fesselt, auch vor der Kamera zu arbeiten", erinnert sich Angela Elis heute. Ihre sachliche Kompetenz und natürliche Freundlichkeit kamen an: Als bei der „Telethek" eine Moderatorenstelle frei wurde, erhielt sie ihre Chance – und nutzte sie. Auf ihre neue Aufgabe in „dabei ab zwei" freut sich Angela Elis: „Mit zwei netten Moderatoren-Kollegen wie Oliver Nix und Frank Liehr zu arbeiten, ist doch sehr angenehm. Dafür lohnt es sich auch, noch früher aufzustehen", meint Angela Elis mit einem Augenzwinkern.

TV-Star Angela Elis brachte ihre Mutter Doris mit zur Gala

Das renommierte ZDF-Magazin WISO ist seit vielen Jahren das erfolgreichste Wirtschaftsformat im deutschen Fernsehen. Im Anschluss an die ZDF-Hauptnachrichtensendung „heute" berichtet die Sendung jeden Montag um 19.25 Uhr über wirtschafts- und sozialpolitische Themen.

WISO erreicht mit seinen verbraucherorientierten Beiträgen regelmäßig zwischen zwei und drei Millionen Zuschauer, durchschnittlich 15 000 Zuschauer nutzen wöchentlich den Faxabruf, und auch die begleitenden WISO-Informationen im Internetangebot des ZDF sind hoch frequentiert.

Service wird im ZDF-Wirtschaftsmagazin groß geschrieben: Im WISO-Tipp und bei WISO-Tacker erhalten die Zuschauer unmittelbar verwertbare Spar- und Steuerratschläge, in der WISO-Stichprobe werden Dienstleistungen getestet und im WISO-Trend berichtet die Redaktion über Neuigkeiten aus allen wirtschaftlich relevanten Lebensbereichen. Das WISO-Expertenthema informiert fundiert und umfassend über Themen wie Alterssicherung, Miete, Steuern, Verbraucherrechte, Güter- und Finanzmärkte.

Über das WISO-Expertentelefon und den Internet-Chat werden die Zuschauer live in die Sendung mit einbezogen. Ergänzende Informationen stehen den Interessierten im Internet, im ZDFtext, über den WISO-Faxservice, im WISO-Magazin und auf der WISO-Monats-CD zur Verfügung. Software und Bücher aus der ZDF-Wirtschaftsredaktion WISO sind beliebte Markenartikel und Bestseller.

Moderatoren der Sendung sind Michael Opoczynski und Angela Elis.

Ob bei Frank Elstner oder J.B. Kerner – mit meinen Büchern war ich auch gern mal Talk-Gast und nicht nur Moderatorin

12 FRAGE DES MONATS

BRAUCHEN WIR EINEN NEUEN FEMINISMUS?

»Es gibt nicht mehr nur die Dreifachbelastung: Haushalt, Kind(er) und Beruf, es gibt der Belastungen noch sehr viel mehr.«

Angela Elis, Journalistin und Buchautorin aus Leipzig, moderiert das TV-Magazin „Fakt"

Für die Antwort reichen eigentlich zwei Buchstaben: Ja! Wichtiger aber ist die Frage: WARUM? Und warum sage ausgerechnet ich „Ja", die ich mich nie als Feministin gefühlt habe. Deshalb, weil die Zeit der lila Latzhosen zwar vorbei ist, aber Frauen in Beruf und Familie noch immer nicht gleich fröhlich oder auch nur ähnlich anspruchsberechtigt sind. Das aber geht unter, weil der Chor der Fordernden immer größer wird und die, welche das bezahlen sollen, aufgrund der immer neuen Lasten nicht mehr zum Singen kommen.

Konkret: Ich kenne eine allein erziehende Mutter, die trotzdem berufstätig und also Steuerzahlerin ist; soll so nicht oft vorkommen! Für ihr Kind erhält sie keinen Unterhalt, denn der Vater ist tot und weil er selbständig war, gibt es kein Geld aus der Halbwaisenkasse. Die Betreuung, die diese M...

„Kinder – nicht mehr als Problemfall, Mutterschaft nicht mehr als der Beginn von Benachteiligungen". Angela Elis, geboren 1966.

braucht, kann zwar mehr als bisher, aber noch immer nicht ausreichend genug von den Steuern abgesetzt werden.

Und als sie neulich einen Arbeitsplatz schaffen wollte, um Entlastung zu bekommen, haben auf vier Anzeigen trotz nahezu 20 Prozent Arbeitslosigkeit in der Region nur 15 Bewerber reagiert. Zwei blieben in der engeren Wahl, denn den anderen war der Weg zu weit, das Aufstehen zu früh. Weil aber Sozialleistungen, wie auch Hartz IV, zunehmend aus Steuergeldern bestritten werden, sitzt diese allein erziehende, berufstätige Mutter nach 12 bis 14 Stunden da und weiß, dass sie auch heute wieder für die anderen arbeitet und fragt sich, was die wohl tun. Demnächst soll sie dann mit ihren Steuern auch noch die kostenfreie Krankenversicherung für ...

kenversichertes Kind jeden Monat zur Kasse gebeten wird.

Es gibt also nicht mehr nur die Dreifachbelastung: Haushalt, Kind(er) und Beruf, es gibt der Belastungen noch sehr viel mehr, wenn man sich entscheidet weder ohne Kinder, noch vom Staat zu leben. Hier muss ein neuer Feminismus her, der auch so etwas thematisiert.

Kinder – nicht mehr als Problemfall, Mutterschaft nicht mehr als der Beginn von Benachteiligungen und Berufstätigkeit als Möglichkeit, sich Wohlstand aufzubauen, auch wenn man kein festes Arbeitsverhältnis hat. Diese Ziele zu erreichen, ist nicht einfacher geworden, seitdem der Staat pleite und die Arbeitslosigkeit in die Höhe gestiegen ist. Unterstützt aber werden sollten vor allem die, die es sich nicht ...

Doch aller Anfang war schwer. Zu meinen ersten Live-Auftritten in den 90er-Jahren noch als Volontärin für den hr gehörte eine Radio-Reportage aus dem Fraunhofer-Institut in Darmstadt über 3-D-Brillen. Vielleicht können Sie sich vorstellen, dass das nicht die leichteste Übung war. Ein Bericht von einem Kinderfest oder Kirchentag mit einem bunt-quirligen Publikum wäre bei Weitem einfacher gewesen. Aber ich stellte mich diesem Auftrag und betrachtete die Situation als Chance.

Wofür lohnt es sich morgens aufzustehen und wie kann ich an jedem neuen Tag meine Potenziale entfalten?

Seitdem habe ich in meinem Leben immer wieder erfahren, dass es nichts Schöneres und Befriedigenderes gibt, als sich zu entfalten und trotz Widerständen mehr aus sich herauszuholen. Ja zu entdecken, was noch so alles in einem steckt und für was es sich lohnt, morgens aufzustehen. Es ist einfach fantastisch, auf diese intensive Weise lebendig zu sein und so zu einer WOW-Persönlichkeit zu werden.

Anregungen zur Reflexion:

Was war Ihr persönlicher WOW-Moment oder könnte es werden? Was wäre der nächste Level?

Was genau würde das für Sie bedeuten? Geht es um mehr Erfolg? Mehr Beachtung? Mehr Anerkennung? Mehr Geld? Mehr Karriere?

Und was wäre, wenn sich nichts ändert? Wie fühlt sich das an?

TIPPS & TOOLS

19

Wenn wir uns von der grauen Maus in eine WOW-Persönlichkeit verwandeln möchten, dann geht das nicht mit einem Fingerschnipp. Das lässt sich auch nicht im Supermarkt oder im Internet kaufen. Es ist wie der Prozess von der Raupe zum Schmetterling. Im Anfängermodus kriechen wir auf dem Boden herum und alles erscheint eher schwergängig. Dann gehen wir in uns und entwickeln von innen heraus eine Idee, wie wir uns verwandeln könnten. Wir träumen von bunten Flügeln und luftigen Höhen. Schließlich gehen wir aus uns heraus und können tatsächlich abheben.

Es ist ein WERDE-Prozess, in dem Sie die Hauptrolle spielen dürfen – Ihre ganz persönliche Heldenreise.

Zunächst braucht es dafür Ihren ernsthaften Wunsch und Willen, aber auch Klarheit für das Ziel, das Sie erreichen wollen oder das Anliegen, das Sie beschäftigt. Nur so lässt sich der Pfad zum Erfolg finden und gehen. Für diesen Prozess professionelle Unterstützung zu nutzen, ist natürlich von Vorteil und hilft, schneller voranzukommen und trotz Unbill, die sich auf dem Weg zeigen wird, dranzubleiben.

Sich in voller Größe zu zeigen, kann zum größten Abenteuer Ihres Lebens werden.

Der Aufbruch lohnt sich, auch wenn ein paar Mutproben zu bestehen sind. Was Sie dabei nicht vergessen dürfen: **Helden sind Helden, weil sie sich nicht bis ins Letzte absichern. Es bleiben Ungewissheiten, die es auszuhalten und Risiken, die es einzugehen gilt.**

In meiner Coachingarbeit habe ich drei Modalitäten identifiziert, aus denen heraus wir agieren:

1. **Der Überlebensmodus:** In diesem Modus stehen wir unter Stress und müssen erst mal unser Nervensystem beruhigen, um wieder so wirken zu können, wie wir es gern hätten. Hier Souveränität und Bestleistungen von uns zu erwarten, wäre unrealistisch. Es nützt, sich für solche Situationen vorab eine Erste-Hilfe-Reaktion zu überlegen, die uns möglichst schnell wieder in einen entspannten Zustand versetzt, zum Beispiel eine Atemübung oder ein Ritual.

2. **Der Feststeckmodus:** In diesem Modus haben wir uns in einem Habitus festgefahren. Wir kommen dann kaum noch aus unserer Haut raus und agieren als Gewohnheitstiere. Es ist die Schattenseite von Routiniertheit, denn wir spüren nicht mehr, was wir wie tun. Was es hier braucht, ist ein Schritt zur Seite, um sich wieder wahrnehmen zu können und aufmerksam zu sein für das, was wir wie machen. Daraus können dann neue Ideen für alternative Verhaltensweisen erwachsen.

3. **Der Schöpfermodus:** In diesem Modus können wir aus den Vollen schöpfen. Getragen von Schaffensenergie und einer lebendigen Leichtigkeit können wir unsere Aufgaben angehen und mit allem, was uns ausmacht, durch uns hindurch wirken. Das ist der Idealzustand, wenn wir überzeugend kommunizieren und wirksam präsentieren wollen.

Prüfen Sie vor jedem Auftritt oder in heiklen Situationen, in welchem Modus Sie sich gerade befinden.

TIPPS & TOOLS

20

3.2 Erkennen Sie, wer Sie sein könnten

Die Sehnsucht nach MEHR

Haben Sie mithilfe der Überlegung „Wo komme ich her?" Ihren bisherigen WERDE-Gang reflektiert, können Sie jetzt Ihren aktuellen Standpunkt bestimmen und sich von da aus Ihrer Zielausrichtung nähern. Denn am Beginn jeder Veränderung zählt zunächst, zu erkennen, wer Sie momentan sind.

Für mich persönlich ist das eine der faszinierendsten Fragen, die man sich stellen kann. Mich hat sie bislang in jedem Lebensjahrzehnt, ja nahezu in jedem neuen Lebensjahr beschäftigt. Und das lohnt sich, wenn wir nicht stehen bleiben, sondern uns weiterentwickeln wollen. In unserer schnelllebigen Zeit, in der das Tempo stetig anzieht und immer mehr auf uns einströmt, braucht es dafür eine klare Willensentscheidung, sonst geht die Selbstklärung im Alltagstrubel unter.

Egal, bei welcher Lebensfrage und egal, in welchem Lebensmoment: **Der IST-Zustand ist immer der Ausgangspunkt, von dem aus Sie starten können, wenn Sie nicht an sich selbst vorbei leben wollen.** Allerdings habe ich in den vergangenen Jahren in Büroetagen und Firmenräumen etliche Mitarbeitende erlebt, die meinten, „fertig" zu sein. Sie wirkten dabei aber eher wie ihr eigenes Abziehbild und so, als hätten sie vergessen, wer sie eigentlich sind, und dann vergessen, dass sie es vergessen haben.

Nehmen Sie sich Zeit für wichtige Lebensfragen wie:

Wer sind Sie aktuell und was macht Sie dabei aus? Was sind Ihre Stärken? Was wollen Sie damit in die Welt bringen? Wichtig ist, dass die Antworten von innen heraus kommen und kein von außen aufgestülpter Plan sind.

„Erkennen, wer ich aktuell bin" – was alles fällt Ihnen noch dazu ein, wenn Sie darüber nachdenken? Welche Impulse kommen dabei hoch? Welche Gedanken, Bilder, Vorstellungen? Und was davon verschafft Ihnen Antriebsenergie? Was sollten Sie eher hinter sich lassen?

Und wenn wir dann noch einmal auf den Dreiklang „Kommunikation, Performance, Wirkung" schauen: In welchem Auftrittsmodus leben Sie? Was bestimmt ihr SELBST-Bewusstsein?

TIPPS
& TOOLS

21

Ich habe mir mal den Spaß gemacht und verschiedene innere Zustände mit Tieren verglichen und kam so auf Maus, Chamäleon und Pfau. Sich „mausig" zu fühlen, bedeutet, eher unscheinbar und unspektakulär vor sich hin zu wuseln. Das Chamäleon wiederum tendiert dazu, sich immer und überall anzupassen und nichts dem Zufall zu überlassen. Und die Pfauen unter uns kennen wir wohl alle. Man kann sie nicht übersehen, weil sie zumeist schrill und bunt gekleidet sind, wie Leuchttürme aus der Landschaft ragen und durch ihre Exzentrik alle Blicke auf sich ziehen. Sie suchen die Aufmerksamkeit wie die Motten das Licht.

Die entscheidende Frage ist: Was entspricht Ihnen? Ist es eher das „Maus-Element", das keineswegs gering zu schätzen ist, denn auch Mäuse können sehr erfolgreich sein. Sie haben nur andere Strategien als Chamäleons oder Pfaue. Vielleicht aber fühlen Sie sich auch nur mausig und sind in Wirklichkeit ein als Maus verkleideter Pfau? Oder wirken Sie nur wie ein Pfau, sehnen sich aber insgeheim nach der Unscheinbarkeit einer Maus?

Natürlich lässt sich das Tiermodell auch noch erweitern.
Manchmal sage ich scherzhaft über mich selbst: *Ich bin die „Vereinigten Staaten von Angela" mit dem Gefühlszustand „Leipziger Allerlei".* Auch ich bin also viele und da kommt erneut die Rollenklärung ins Spiel: Ich muss wissen, welche Facette wo angebracht ist und welche Farbe meiner Persönlichkeit ich wo am besten ausleben kann.

Wenn ich die „Vereinigten Staaten von Angela" bin mit dem Gefühlszustand „Leipziger Allerlei" - was sind Sie?

Aus meiner Kindheit kann ich mich an eine Geschichte von einem Entlein erinnern, das mit seinem Entendasein so gar nicht zufrieden war. Immer wenn es einem anderen Tier begegnete, sah es aus seiner Sicht bessere Schnäbel, schöneres Gefieder und attraktivere Gliedmaßen und weil ihm das erstrebenswert erschien, bat es darum zu tauschen. Schlussendlich konnte das Entlein mit den erbettelten Körperteilen weder richtig laufen, noch essen und da begriff es, wie wichtig es ist, seinem Wesen und seiner Art treu zu bleiben.

Märchen und Geschichten bergen oft tiefe menschliche Weisheiten. Deshalb lieben Kinder sie, weil sie noch so offen und interessiert sind, zu erfahren, wie die Welt funktioniert und nach ihrem Platz in ihr suchen.

**Von jedem etwas sein zu wollen, führt nicht zum Erfolg.
Dagegen hilft es, den eigenen Typ zu kennen.**

Archetypen der Kommunikation

Aufgrund meiner Erfahrungen als Moderatorin und Coach habe ich sechs Archetypen der Kommunikation identifiziert, anhand derer Sie überlegen können, welchem Typ Sie am meisten entsprechen. Vorab ist wichtig zu wissen: Wenn wir kommunizieren, fangen wir nie bei null an, sondern kommunizieren zunächst einmal intuitiv, wie es unseren Mustern und Prägungen entspricht. Erst durch einen gezielten Veränderungsprozess können wir gewünschte Verhaltensweisen verstärken oder unerwünschte abschwächen. **Die sechs Archetypen der Kommunikation dienen dazu, sich selbst einzuschätzen und als Typ erkennen zu können und zu eruieren, in welche Richtung noch Entwicklungsmöglichkeiten bestehen.**

1. Die Dominanten:
Für diese Typen gilt die Devise von Julius Cäsar: Ich kam, ich sah, ich siegte (Veni, vidi, vici). Souveränität scheint ihnen als zweite Haut gewachsen zu sein. Scheinbar nichts und niemand kann sie aus der Fassung bringen. Sie sind selbstbewusst und meistern jede Lage.

Es sind die, die uns oft als erstes einfallen, wenn wir daran denken, auftreten zu sollen, denn die meisten wollen gern sein wie sie.

Dominante verfügen über kommunikative Führungsstärke. In Zeiten der Krise, Verunsicherung oder Orientierungslosigkeit entfalten sie deshalb ihre volle Stärke. Es sind Menschen, die mit ihrem Reden und Tun gern Verantwortung übernehmen, jedoch oft unter der Maßgabe, dass ihr Wille geschehe. Die Dominanten sind darüber hinaus furchtlos und unabhängig, lassen aber auch wenig Raum für alternative Sichtweisen. Deshalb sollten die Dominanten darauf achten, dass sie auch Überzeugungskraft ausstrahlen statt nur Durchsetzungsvermögen.

2. Die Mutigen:
Mit den Mutigen sind hier Menschen gemeint, die von Haus aus eher schüchtern und introvertiert sind und deshalb gern im Hintergrund bleiben. **Sie sind vom Typ her bescheiden, blähen sich nicht mit Bedeutung auf, schätzen Aufrichtigkeit und Freundlichkeit. Sie sind selbstlos und integer, was sie dem Publikum meist sofort sympathisch macht. Die Herzen der Zuhörenden fliegen ihnen sofort zu und der Applaus ist nicht selten besonders herzlich, weil jeder spürt, dass**

diese Menschen sich überwunden haben, um überhaupt auf der Bühne oder vor der Kamera etwas zu sagen. Es sind zumeist wohlwollende, liebenswürdige Zeitgenossen, die aber mit ihrer Zurückhaltung für die Zuhörerschaft auch anstrengend werden können, weil sie risiko- und konfliktscheu sind und eher auf Harmonie ausgerichtet, was ihrem Vortrag nicht selten Witz und Würze nimmt.

3. Die Kämpfenden:

Das sind diejenigen unter uns, die kommunikative Herausforderungen als Einladung zum Kampf ansehen. Sie haben nicht unbedingt Lust darauf oder Freude daran, aber was sein muss, muss sein, schließlich kann man sich nicht verweigern. **Sie antizipieren die Situation, die sich ihnen stellt als Schlachtfeld, für das ein Schlachtplan entwickelt werden muss. Das Motto: Wo ein Auftrag ist, ist auch ein Weg.** Auf der Bühne oder vor der Kamera bewegen sie sich drahtig. Allerdings haben sie keine Sicherheit darüber, dass sie als Sieger von dannen gehen werden. Dafür müssen sie kämpfen. Unter der Hand signalisieren sie deshalb ihrem Publikum: Euch werde ich es zeigen. Am Ende geht es um Sieg oder Niederlage.

4. Die Liebenden:

Mit einem Lächeln auf dem Gesicht, aber gepaart mit Unsicherheit, beginnen Sie vorzutragen. **Ihre kommunikative Grundhaltung ist, mit dem Gegenüber in Beziehung zu kommen. Sie suchen Verbindendes und haben eine hohe emotionale Intelligenz.** Liebende liefern meist mehr als sie müssten und geben sich ihrer Sache ganz hin. Damit bauen sie erfolgreich Vertrauen auf.

Die Liebenden lieben sie es, unermüdlich zu kommunizieren und sich auf der Bühne oder vor der Kamera zu zeigen. Die Schattenseite ist, dass es Ihnen manchmal an realistischer Einschätzung mangelt. So schießen sie mit ihren Gefühlen und Vorstellungen nicht selten hoch hinaus, malen sich die Welt rosarot und laufen Gefahr, eine Enttäuschung zu erleben.

5. Die närrischen Komiker:

Diese Typen strotzen vor Humor. Schon wenn sie die Bühne betreten, bieten sie etwas zum Lachen an. Auch mögen sie es, ihr Publikum zu necken oder ab und an zu provozieren und haben insgesamt Freude am spielerischen Miteinander. **Sie sind spontan und gewitzt und wirken meist unbeschwert. Dabei sind sie äußerst kreativ und reich**

an Einfällen. Man sollte sich aber nicht täuschen, denn hinter der Leichtigkeit stecken viel Arbeit und Fleiß. Es ist Professionalität, die es so aussehen lässt, als ließe sich alles aus dem Hut zaubern oder dem Ärmel schütteln. Närrische Typen sind abenteuerlustig und mögen es, noch im kleinsten Detail etwas Komisches zu entdecken. Deshalb sind sie – still und unbemerkt – oft sensationell gute Beobachter. Ihr Radar ist immer auf Empfang und es ist ihre Leidenschaft, andere nachzuäffen.

6. Die magischen Charismatiker:

Wenn sie erscheinen, wird es still im Raum und alle Blicke sind auf sie gerichtet. Charismatiker stehen für Würde und Respekt, aber auch Interesse und Offenheit. **Sie haben die Fähigkeit, eine Sogwirkung zu entfalten, die nach Resonanz verlangt. Man fühlt sich automatisch zu ihnen hingezogen. Über was sie im Übermaß verfügen, ist Präsenz.** Sie können die Atmosphäre in einem Raum und ihr Publikum intuitiv erspüren und klug erfassen, was die Situation verlangt. Charismatische Menschen verfügen über eine natürliche Autorität. Es sind nicht selten Persönlichkeiten, die allein aufgrund ihrer Erscheinung und ihrer Botschaften eine revolutionäre Schöpferkraft entfachen, die die Menschen und die Welt verändern kann.

Die ausführliche Darstellung zu den Archetypen der Kommunikation können Sie auf Wunsch per E-Mail erhalten. Schreiben Sie gern an post@ angela-elis.de.

Und hier noch die Empfehlungen zu den Archetypen:

1. Die Dominanten: Wie wäre es, wenn Sie ab und an mal Tabula rasa machen und zumindest einen Moment lang so tun, als wenn Sie nicht für alles einen festen Standpunkt hätten. Wie wäre es mal mit Offenheit und Neugierde? Schauen Sie sich die anderen Typen an und schlüpfen Sie mal in deren Rolle. Und fragen sich dann: Was daran hat Ihnen – anders als erwartet – Spaß gemacht?

2. Die Mutigen: Versuchen Sie es mal mit Typ 1, dem Dominanten. Wann waren Sie in Ihrem Leben mal selbstbewusst und durchsetzungsstark? Oder welche dominanten Menschen kennen Sie? Machen Sie sich die Art, wie diese Menschen reden und wie sie in der Welt stehen, spielerisch zu eigen und schauen Sie, ob das nicht auch eine Facette Ihres Selbstausdrucks werden kann, mit der Sie Ihre Performance anreichern.

3. Die Kämpfenden: Üben Sie mal eine andere Rolle. Wählen Sie einen der anderen fünf Typen aus und probieren Sie, was Sie dann machen würden und wie sich das anfühlt. Wichtig ist, den Kampfmodus auch mal zu verlassen und flexibel zu sein.

4. Die Liebenden: Auch Ihnen würde ich vor allem die Ergänzung mit Typ 1 empfehlen, also ruhig mal mit ein wenig mehr Dominanz ins Rampenlicht. Probieren Sie aus, inwiefern Sie Liebe und Führungskraft miteinander verbinden können.

5. Die närrischen Komiker sind in der Lage, in alle Rollen zu schlüpfen. Sie wirken dabei sehr wandlungsfähig und kreativ. Was aber ist Ihr wahres Wesen? Sich dem zu stellen, könnte mehr Sicherheit bringen über die eigene Person und Lebensaufgabe.

6. Die Charismatiker zeichnet aus, dass sie bereit sind, ein Leben lang zu lernen. Deshalb muss man sie nicht erst auffordern, sich mit anderen Typen zu beschäftigen. Das tun sie so oder so nahezu nebenbei und können sich alles, was auf sie einströmt, zuordnen. Charismatisch zu wirken, krönt jeden Auftritt. Es bedeutet deshalb aber nicht, „perfekt" zu sein. Auch jemand wie Bill Clinton ist eine charismatische Persönlichkeit, die aber dennoch charakterliche Mängel gezeigt hat, siehe sein Lavieren und Lügen in der Affäre mit Monika Lewinsky, die deshalb später sagte, er habe einen gefährlichen Charme gehabt.

Letztlich ist auch niemand ein Typ in Reinform, sondern wir alle haben verschiedene Anteile. Die Frage ist, was überwiegt. Die sechs Typen dienen als Anregung, um herauszufinden, in welche Richtung Sie sich verändern könnten oder was von welchem Typ als ergänzende Note passen würde.

Wenn Sie mehr darüber wissen möchten, folgen Sie mir auf YouTube oder LinkedIn.

Worin liegen die Chancen und Stärken meines individuellen Typs?

Wenn Sie mehr Klarheit darüber gewonnen haben, was Sie ausmacht und was Ihnen entspricht, können Sie sich als Nächstes die Frage stellen: **Wonach genau sehne ich mich? Was wünsche ich mir wirklich** von Herzen? Wovon möchte ich mehr haben? Und gibt es auch etwas, wovon ich weg möchte?

Diese Fragen sollten Sie sich nicht nur einmal stellen, sondern an mehreren Tagen und in verschiedenen Stimmungslagen, um tatsächlich die Tiefe Ihrer Bedürfnisse ausloten zu können. Natürlich hilft es, sich dazu Notizen zu machen und sie nach einem gewissen Zeitraum noch mal abzugleichen, ob sich etwas verstärkt oder gänzlich verändert hat.

Die so gewonnene Klarheit ist die beste Basis für Ihr Tun und Wirken, weil dann auch die Energie stimmt und Sie nicht ausbrennen.

Burn-out hat ja viel damit zu tun, dass Menschen sich für Sachen aufreiben, die für sie innerlich gar nicht stimmig sind und damit, dass sie das, was sie tun oder wie sie leben eigentlich unglücklich macht.

Um sich selbst und die eigenen Sehnsüchte noch intensiver wahrzunehmen, können Sie natürlich ruhig einmal übertreiben. Sie könnten beispielsweise eine „Überdosis" davon visualisieren, indem Sie den Regler Ihrer Vorstellungskraft bis zum Anschlag aufdrehen und dann wieder ganz runter dimmen. Mit so einer spielerischen Übung lässt sich ein gutes Gefühl dafür bekommen, was die passende Dosis ist.

Im Übrigen ist Ihre Vorstellungskraft, wenn es um Ihre Wirkung auf der Bühne oder vor der Kamera geht, eine wichtige Ressource. Fantasie und innere Bilder sind nützlich, um die bestmögliche Version meiner selbst zu imaginieren und dann im neuronalen Netzwerk abzuspeichern. So nach dem Motto von „Futur II": Das werde ich gewesen sein …!

Unsere Sehnsucht ist der Schlüssel zum Tor der Veränderung:

Was für eine WOW-Persönlichkeit möchten Sie in Zukunft sein? Wie sollen andere Sie sehen und erleben? Wofür lohnt es sich, auf die Bühne oder vor die Kamera zu gehen?

TIPPS & TOOLS
22

Erst wenn Sie wissen, was Sie nicht mehr erleben wollen und welches Ziel stattdessen attraktiv für Sie ist, können Sie Ihren Weg erfolgreich weitergehen. Ergründen Sie dafür: Was genau hindert mich? Was alles tue ich, anstatt mein „WOW" zu leben?

Was hält mich davon ab, das umzusetzen, wonach ich mich sehne?

Es sind zumeist Glaubenssätze, die uns behindern und gern melden sich auch urplötzlich wieder die berühmten Kritiker, die im Hinterkopf

Sprüche klopfen oder uns im Nacken sitzen oder auf der Schulter ihr Unwesen treiben. Die Erfahrung zeigt, es nützt nichts, diese „Quatschies" zu verdrängen, denn dann melden sie sich wieder und wieder. Was uns tatsächlich voranbringt, ist ein freundliches „DANKE" an alle mentalen Mahner und Bedenkenträger dafür, dass sie versuchen, uns vor etwas Schlimmem zu bewahren. Und dann heißt es, ihnen eine neue Rolle zuzuweisen.

Es gilt, individuelle Besonderheiten zu finden und herauszustellen.

Wenn es ums Präsentieren geht, stehen wir oft in dem Konflikt, dass wir gesehen werden wollen, gleichzeitig aber Angst davor haben, uns zu zeigen.

Angst davor, es könnte dann offenbar werden, dass wir nicht gut genug sind und nicht wirklich genug draufhaben. Diese Angst basiert meist auf schlechten Vorerfahrungen, in denen wir verletzend bewertet oder beschämt wurden. Es kann aber auch sein, dass uns eine innere Stimme sabotiert, die uns suggeriert, wir seien es nicht wert, WOW-Momente zu erleben oder uns mit unserer ganzen Stärke zu zeigen.

Sich kleinzumachen, statt sich ganz und in voller Größe zu zeigen, ist eine übliche Methode, sein eigenes Licht unter den Scheffel zu stellen und – an dieser Stelle muss ich es sagen – immer noch eher ein Problem von Frauen. Man könnte meinen, wenn es darum geht, sich erfolgreich zu präsentieren, haben es Frauen besonders leicht, denn sie haben eindeutig die größere Garderobenauswahl. Frauen können wählen zwischen Hosenanzug und Kostüm oder wunderbaren Kleidern. Sie können sich schminken und mit knallroten Lippen verführen. Die Frisur beeindruckend stylen und ja, am Ende noch Stöckelschuhe anziehen und attraktive Beine zeigen.

Trotzdem spricht auch einiges dafür, dass Frauen es besonders schwer haben, wenn es darum geht, sich erfolgreich zu präsentieren, denn selbstbewussten Frauen wird schnell unterstellt, dass sie „unweiblich" sind und „unsexy". Sie werden als „Mannweib" abgestempelt und es heißt, sie hätten „Haare auf den Zähnen", mit so einem „Drachen" wolle man weder Büro noch Bett teilen.

Ob leicht oder schwer: **Ich meine: Frauen, die sich selbst lieben, sind unschlagbar und nicht aufzuhalten, denn sie sind unabhängig vom Urteil anderer.**

Privat schminke ich mich zwar nicht, aber beim Auftritt gehört es dazu.

Haben es Frauen beim Präsentieren leichter? Jein! Umso mehr ich mit mir im Einklang bin, desto leichter wird es – übrigens auch für Männer.

Daher unter uns Frauen:

Liebe Ladys, hört auf mit dem Spiegel in der Hand eure Nasen, Lippen, Augen oder Haare zu kritisieren und an euch herumzumäkeln oder gar herumzuschneiden…

Schönheit liegt immer im Auge des Betrachters und die Frauen, die ich auf der Bühne in meiner Nähe hatte, die extrem aufgespritzte Lippen hatten, wirkten eher sehr künstlich. Und bei einer glatt gebotoxten Stirn ist kein Mienenspiel mehr erkennbar und das Gesicht wirkt wie eingefroren. Ich möchte niemandem zu nahetreten, aber muss das wirklich sein? Ist es nicht viel attraktiver, auf selbstverständliche Art und Weise man selbst und damit schön zu sein, ohne etwas anderes vortäuschen zu müssen?

Attraktiv ist, wer beim Auftritt auf selbstverständliche Art und Weise „ER" oder „SIE" selbst bleibt.

Vergessen wir nicht: **Schönheit kommt von innen und Persönlichkeit fängt da an, wo der Vergleich aufhört.**

Ein Thema, das ich deshalb wohl als Nächstes angehen werde, ist: „Auch ab 40 noch kameratauglich – was hält mich alterslos schön und lässt mich attraktiv wirken?"

Was ist Ihre individuelle Typ-Einschätzung:

Wie würden Sie sich beschreiben (z. B. eher intro- oder extrovertiert, eher laut oder leise, eher lustig oder ernsthaft)?

Wenn Sie Ihre bisherigen Erfahrungen Revue passieren lassen, was zeigt sich dann – positiv und negativ?
Was genau würden Sie gern verändern oder verbessern?

Welche Hürden sehen Sie für sich?

Welche Vorbilder haben Sie und warum gerade diese?

Was sind Ihre individuellen Besonderheiten, die Sie herausstellen könnten?

Vertiefende Fragestellung:

Von was wollen Sie weg?

Wo wollen Sie hin?

TIPPS & TOOLS

23

Ins TUN kommen

Der letzte Schritt auf dem Weg zur WOW-Persönlichkeit lässt sich mit drei Buchstaben zusammenfassen: **T U N!** **„Kommen Sie ins TUN" – heißt: „Raus aus der Komfortzone".** Es geht darum, ernst zu machen und ist zugleich der ultimative Test, ob Sie wirklich eine WOW-Persönlichkeit leben möchten oder doch lieber alles so lassen wie es ist. Unterschätzen sollten Sie dabei nicht, dass unsere bewusste Steuerzentrale, der Neokortex, nicht sehr veränderungswillig ist, weil dieser Teil des Gehirns bevorzugt im Energiesparmodus arbeitet und lieber alles beim Altbewährten belässt.

Das ist evolutionsbiologisch auch sinnvoll, denn wenn Generationen vor uns schon erlebt haben, dass Fliegenpilze tödlich sind, müssen wir das nicht mehr selbst ausprobieren. Deshalb neigt dieser Bereich in unserem Kopf zur Trägheit und es braucht besondere Anreize, um ihn zur Veränderung oder zum Dazulernen zu bewegen. Es braucht die Aussicht auf eine Belohnung oder Momente der Lust. Der Hirnforscher Gerald Hüther, hat es sinngemäß so formuliert: **Auch ein 99-Jähriger kann noch Chinesisch lernen, allerdings nicht auf der Volkshochschule, sondern nur, wenn er sich in eine 30 Jahre jüngere Chinesin verliebt.** Das funktioniert natürlich auch umgekehrt, wenn eine 100-jährige Chinesin einen 70 Jahre alten Deutschen begehrt.

> Dopamin, unser Glückshormon, ist der beste Dünger für Veränderung.

Das ist der Grund, warum bei mir im Coaching auch mal herzlich gelacht werden darf. Mit spielerischer Freude an Themen heranzugehen, erleichtert den Veränderungsprozess. Auch Freund*innen, der Partner oder die Partnerin können unterstützend sein, indem sie unseren Weg begleiten und uns bestärken. Für die unter uns, mit hoher intrinsischer Motivation, reicht meist schon die Selbstdisziplin und dazu vielleicht noch Erinnerungszettel am Spiegel oder Kühlschrank.

Es ist ein erhebendes Gefühl, wenn wir unsere ureigene WOW-Persönlichkeit mit Energie und Begeisterung leben und damit Erfolge feiern können. Dies ist die allerbeste Motivationsspritze für MEHR.

Was dagegen gar nichts nützt, ist jemand anderen zu imitieren. Das führt nicht zum Erfolg, weil Erfolg nie im Außen beginnt, sondern von innen wächst und mit einer inneren Selbstverpflichtung anfängt.

Schreiben Sie auf, wie Sie ins TUN kommen können:

Welche Schritte sind zu gehen?

Bis wann sollen diese geschafft sein?

Wer kann dabei unterstützend sein oder Sie immer wieder erinnern und mit Ihnen im Austausch bleiben, ob Sie tatsächlich gerade Ihren Weg gehen oder dabei sind, eine falsche Abbiegung zu nehmen?

Hier auch noch mal der ganze Prozess, der für Veränderungen und die Entwicklung einer WOW-Persönlichkeit nötig ist:

1. Die Herkunft beleuchten und erkennen, wer Sie sind.

2. Spüren, wonach Sie sich sehnen und Bedürfnisse erkunden.

3. Herausfinden, was genau Sie hindert und diese Hindernisse aus dem Weg räumen.

4. In's TUN kommen.

**TIPPS
& TOOLS

24**

3.3 Der unbewusste Steuermann

Die Problem- oder Chancenzone zwischen unseren Ohren

Ob wir bei unserem Tun und dem Wunsch, zu einer WOW-Persönlichkeit zu werden, gerade auf dem richtigen Weg sind oder eine falsche Abbiegung nehmen, wissen wir meist erst im Nachhinein. Unser Verstand ist nämlich nicht immer der beste Ratgeber, weil es sehr darauf ankommt, aus welchem Bereich unserer Schaltzentrale wir gesteuert werden. Bei Stress und in Drucksituationen reagieren wir gemeinhin aus dem Bereich unseres Gehirns, der nichts mit unseren bewussten und rational gesteuerten Verhaltensweisen zu tun hat. **Fühlen wir uns unsicher oder gar bedroht, schaltet unser System auf Autopilot,** was ich den unbewussten Steuermann nenne. In einem Bruchteil von Sekunden wird dann Adrenalin freigesetzt, das uns zum blitzartigen Agieren befähigt. Es ist das sogenannte „schnelle Denken" aus dem Bereich des Stamm- oder Reptilienhirns, während rationales Verhalten als „langsames Denken" bezeichnet wird.

Dadurch dürfte klar werden, warum gewünschte Verhaltensänderungen meist nicht in Höchstgeschwindigkeit, sondern eher im Schritttempo zu erreichen sind und das nötige TUN – also Umsetzen meiner Vorhaben – zwar nur drei Buchstaben hat, aber trotzdem zumeist nicht kurz und knackig zu erledigen ist. Im Wesentlichen geht es bei den Verhaltensweisen aus dem Reptilienhirn um drei Impulse, die unseren Urahnen das Überleben gesichert haben als es noch darum ging, die Begegnung mit einem hungrigen Tiger zu überleben. Die uns einprogrammierten Handlungsoptionen sind: Flüchten, Totstellen oder Angreifen und diese Ur-Verhaltensweisen entsprechen unserem unbewussten Steuermann, der auch im Zuge von Aufgeregtheit auf der Bühne oder vor der Kamera die Richtung vorgibt.

> **Flüchten, Totstellen oder Angreifen sind die drei Ur-Verhaltensweisen wenn wir unter Stress kommen.**

Das Totstellen zum Beispiel lässt sich dadurch erkennen, dass plötzlich unsere Lebendigkeit und Beweglichkeit einfriert. Wir wirken steif und starr und schauen mit weit aufgerissenen Augen in die Kamera oder ins Publikum. Andere wiederum folgen eher einem Fluchtimpuls und tigern über die Bühne, zappeln nervös, wippen von einem Bein aufs andere oder schwanken vor der Kamera hin und her als Ausdruck für eine innere Bewegungsenergie, die sich entladen will.

Auch Menschen mit dem bevorzugten Muster „Angreifen" lassen sich beobachten. Sie sprechen laut, sind provozierend im Ton, zeigen eine dominante Körpersprache und wirken unterschwellig aggressiv, um nur ein paar Beispiele zu nennen.

Hat man erst mal einen Blick dafür entwickelt, macht es wirklich Spaß und ist eine Offenbarung, andere beim Präsentieren zu beobachten. Schwieriger ist es dagegen, sich selbst einzuschätzen.

Flüchten, Totstellen oder Angreifen – was passt am besten? Machen Sie sich mit Ihren typischen Stressreaktionen vertraut:

Was meinen Sie, welches Ur-Verhaltensmuster Ihnen entspricht?

Tun Sie gern so, als wären Sie überhaupt nicht da, wenn es eng wird? Dann wären Sie eine Art Gottesanbeterin, die sich wie ein Ast oder Blatt tarnen kann. Man kann sie einfach nicht mehr als lebendes Wesen erkennen, weil sie nahezu unununterscheidbar an ihre Umgebung angepasst ist.

TIPPS & TOOLS

25

Oder tendieren Sie dazu, wegzulaufen wie ein flinkes Wiesel oder eine kleine Maus?

Oder verhalten Sie sich unter Stress eher wie der allzeit bereite Wachhund, der lieber einmal mehr bellt als zu wenig und Zähne zeigt?

In meinen Kameratrainings mache ich immer wieder die Erfahrung, dass meine Klienten sehr erstaunt darüber sind, was sie so alles unbewusst machen und nonverbal kommunizieren, während sie meinen, dass sie doch nur ein paar wenige Worte vorgetragen haben. Man sagt, dass die Kamera ein sehr genauer Beobachter ist, dem nichts verborgen bleibt. Vielleicht ist das ja der Grund, warum so viele Respekt, um nicht zu sagen Angst vor der kleinen schwarzen Linse haben.

**Die Kamera ist ein sehr genauer Beobachter,
dem nichts verborgen bleibt.**

Nehmen Sie sich Zeit oder noch besser, suchen Sie sich Unterstützung, um für sich herauszufinden, ob Sie bei Stress dazu tendieren, zu kämpfen, zu flüchten oder sich tot zu stellen. Nur wenn Ihnen das bekannt ist, können Sie das Problematische bewusst in Chancen verwandeln.

Wahrnehmungskompetenz und Bewusstheit für das eigene Verhalten sind die Schlüssel für gelingendes Selbstmanagement.

Auf meiner Plattform für Erfolgsorientierte und Gleichgesinnte, einem „Club der Besten", auch „(R)evolutionäre Ambulanz" genannt, gibt es eine „Mastermind" für regelmäßige Impulse und Erfahrungsaustausch. Dort arbeite ich mit einem System aus sieben Schritten, mit dem Transformation gelingen kann, denn Erfolg ist kein Zufall, sondern funktioniert nach erprobten Regeln.

So wie im Straßenverkehr an gefährlichen Knotenpunkten Ampeln oder Schilder für erwünschtes Verhalten sorgen, damit Automobilität erfolgreich gelingen kann, so können auch wir für uns Regeln, Rituale und Verhaltensweisen entwickeln, die uns selbst unter Stress und Aufregung noch gut und souverän aussehen lassen. Alles, was es dafür braucht, ist ein gutes Gespür für sich selbst sowie Achtsamkeit und Übung, um neue Verhaltensweisen zu trainieren und zu festigen. Am

Ende können wir dann positive Referenzerfahrungen sammeln, die uns ein Gefühl der Sicherheit geben und auf die wir im Ernstfall zurückgreifen können.

Wenn wir so zum Kapitän des unbewussten Steuermanns in unserem Kopf werden, dann verwandelt sich die Problemzone zwischen unseren Ohren in unsere Chancenzone und wir uns in Champions unserer Selbstwirksamkeit.

Werden Sie zum Kapitän Ihres Steuermanns und bestimmen Sie, was Sie wie erreichen wollen und in welcher Geschwindigkeit. Sie geben die Anweisungen und die Richtung vor.

Der größte Hebel für Veränderung liegt in der (Selbst-) Wahrnehmung und Bewusstwerdung.

Verhaltensänderung braucht immer eine Einstellungsänderung.

Die Freiheit liegt immer zwischen Reiz und Reaktion.

Noch ein Tipp: Ihre innere Verfassung hat Auswirkungen auf Ihre Körpersprache, aber auch umgekehrt. Sie können mithilfe Ihres Körpers auch Ihre innere Haltung verändern. Zum Beispiel mit Power-Posen. Diese können Ihnen helfen, sich in einen anderen Modus zu versetzen: Reißen Sie die Arme wie ein Sieger nach oben. Dies vermittelt Ihnen ein Fülle- und Erfolgsbewusstsein. Sie können dabei auch „We are the Champions" singen oder im Ohr hören. Das Gegenteil wäre, sich zusammenzuziehen wie ein verwundetes Tier. Die Pose für Mangelbewusstsein:

Sie können beide Posen hintereinander ausführen und nachspüren, was das mit Ihnen macht. Am Ende sollten Sie aber Fülle und Erfolg abspeichern.

TIPPS & TOOLS

26

Wohlfühl- und Powerposen geben frische Energie.

3.4 Die Macht der WERTschätzung

Was Anerkennung bewirken und Abwertung anrichten kann

Unsere Persönlichkeit und unsere Ausstrahlung werden nicht zuletzt davon bestimmt, welche Erfahrungen wir im Leben machen. Ich vermute, dabei hat sich schon jeder mit den Themen „Abwertung und Anerkennung" auseinandersetzen müssen.

Als ich in die Schule kam, hatte ich eine Grundschullehrerin, die mir das Gefühl gab, ein Kind zweiter Klasse zu sein. Für sie war ich „nur" die Tochter der Milchfrau, die ihren kleinen Laden im Erdgeschoss genau jenes Hauses hatte, in dem meine Lehrerin wohnte.

Weil ich darüber hinaus mit meinen zarten sechs Jahren am Beginn meiner Schulzeit noch etwas zu verträumt war für das straffe Unterrichtsprogramm, wurde ich von dieser Frau in die Schublade „unbegabtes Arbeiterkind" gesteckt und entsprechend abgewertet. Dass meine Mutter in der maroden DDR-Planwirtschaft über viele Jahrzehnte hinweg eine erfolgreiche, selbstständige Geschäftsfrau für Milch- und Käseprodukte war, wäre die wertschätzende Betrachtung dessen gewesen, was sie tatsächlich geleistet hat. Doch es so zu sehen, war meiner Grundschullehrerin offenbar nicht möglich und wäre letztlich auch nicht systemkonform gewesen.

So hatte ich über die ersten vier Schuljahre kaum eine Chance, gute Noten zu erhalten, egal wie sehr ich mich anstrengte. Bei dieser Lehrerin fühlte ich mich abgestempelt und meine Motivation, mich am Unterricht zu beteiligen, sank in den Keller. Lernen machte mir bei dieser Lehrerin definitiv keinen Spaß. Wurde ich vor die Klasse und an die Tafel geholt, setzte mich das unter Stress.

Kindheitserfahrungen wirken solange weiter bis wir sie uns bewusst gemacht und integriert haben.

Das änderte sich schlagartig mit Beginn des 5. Schuljahrs. Wir bekamen eine neue Klassenlehrerin, die freundlich, zugewandt und offen war. Sie ermunterte mich und schätzte meine Beiträge. Von da an gehörte ich zu den Besten. Ich lernte gern, motiviert von der Aussicht, in das strahlende Gesicht dieser großartigen Lehrerin sehen zu können und ein Lob zu erhalten.

Heute treffe ich bei meiner Coachingarbeit immer wieder auf Menschen, die in irgendeiner Weise in ihrer Kindheit niedergemacht worden sind und bei denen ähnliche Erlebnisse wie meine dazu führen, dass sie nicht ihr volles Potenzial abrufen können, selbst wenn sie schon recht erfolgreich sind.

Das kann bei der einen die Spätfolge einer hartherzigen Pädagogin sein, die sie vor der gesamten Klasse bloßgestellt hat, bei dem anderen ein missgünstiger Verwandter, dessen abwertende Kommentare sich tief in das eigene Selbstwertgefühl eingebrannt haben.

> **Vor den Augen und Ohren anderer beschämt zu werden, kann die Quelle der Angst sein, die uns später unvermittelt einholt, wenn wir öffentlich reden oder präsentieren sollen.**

Oft wissen wir dann gar nicht mehr, was genau da unbewusst in uns abläuft, aber wir haben ein Gefühl dafür, dass uns etwas blockiert, noch nicht stimmig ist oder nicht unserem vollen Vermögen entspricht.

Sehr eindrücklich erlebte ich das erst jüngst wieder bei einem Klienten, der von seinem Vater, der zugleich sein Schwimmtrainer war, offenbar kein einziges Mal ein anerkennendes Wort gehört hatte, obwohl er herausragend schwamm und Medaillen gewann. Doch der gestrenge Vater konnte ihn nicht loben, was dazu führte, dass er ihn entweder kritisierte oder wenn der Sohn einen Sieg errungen hatte, miesepetrig kommentierte: *Dies könne ja „nur Zufall" gewesen sein oder „Na ja, Glück gehabt, die anderen hatten einen schlechten Tag!".*

Als ich diesen Mann fürs Coaching traf, war seine innere Unsicherheit spürbar, aber zugleich blitzte in seinen Augen immer wieder mal etwas auf, das nach Keckheit und fröhlichem Selbstbewusstsein aussah. Das war mein Ansatzpunkt und später der rote Faden für unsere gemeinsame Arbeit. Ich spürte intuitiv, dass es uns gelingen müsste, an diese innere Fröhlichkeit und Lebenskraft anzuknüpfen, sie zu stärken und es ihm zu ermöglichen, bei allen Herausforderungen auf diese wunderbare Ressource zurückzugreifen.

Innere Unsicherheit war spürbar, aber zugleich blitzte Fröhlichkeit auf – das war der Ansatzpunkt.

Zu Beginn klagte mein Klient über seine Schwierigkeiten, sich etwas zuzutrauen und seine Potenziale zu entfalten. Immer wieder neigte er nahezu automatisch dazu, sich kleinzumachen und sein Licht unter den Scheffel zu stellen. Nie zeigte er bis dato sein leidenschaftliches Interesse am Vorankommen, sondern hielt sich stets bescheiden zurück, um sich im Nachgang über sich selbst zu ärgern.

Glücklicherweise hatte er in dem Unternehmen, für das er schon etliche Jahre arbeitete, einen Chef, der sein Talent erkannte und ihn permanent beförderte. Dermaßen mit Rückenwind vorangetrieben, kam er in dem Moment zu mir, als er im Vorstandsbereich angekommen war und nun auch vor Investoren auftreten sollte.

Mit einem gezielten Executive-Coaching können Erfolge effektiv und in kurzer Zeit verbucht werden.

Hier konnte ich ihm mit einem gezielten Executive-Coaching in einem geschützten und vertraulichen Rahmen helfen, seine inneren Ängste, Zweifel und Verletzungen zu benennen. Er konnte noch mal nacherleben, was es mit ihm gemacht hat, wenn er die abwertenden Kommentare seines Vaters hörte oder den Moment fürchtete, in dem er ihn wieder nieder machen würde. Das perfide dabei ist, dass solche lieblosen Eltern meist selbst keine Anerkennung erfahren haben und diesen Frust dann ungefiltert und unreflektiert an ihre Kinder weiterreichen. Oder sie benutzen ihre Kinder dafür, sich selbst mit den Bestleistungen ihres Nachwuchses aufzuwerten.

Im Coaching gelang es meinem Klienten herauszufinden, wie er mit der erlebten Demütigung umgehen und was er ihr entgegensetzen konnte. Er definierte seine nahe liegenden Ziele und darüber hinaus seine Vision von sich selbst und wurde sich dabei auch über die Schritte klar, die ihn dorthin führen würden.

Coaching ist eine heilende Beziehungserfahrung. Es ist eine Ermunterung für den erwünschten Weg und bestärkt darin, aktiv die eigenen Ressourcen nutzen zu können.

Meist ist es so, dass wir im Erwachsenenalter nicht mehr wissen, was genau es ist, das mir Herzrasen, Schweißausbrüche oder eine zittrige

Stimme verursacht. Es braucht dann den Prozess des Erinnerns und Zurückgehens, um die eigentliche Ursache für derartige Körperreaktionen zu finden und zu lösen. Erst wenn wir uns solche Ursprungserlebnisse noch mal bewusst angeschaut, uns mit ihnen auseinandergesetzt und einen Weg gefunden haben, sie in unser Erwachsenenleben zu integrieren, können wir uns anders verhalten als bisher und Situationen von Lampenfieber oder Aufgeregtheit neu und souverän begegnen. So können wir lernen, unsere Gefühlslagen zu managen und genau das führt dann zu wahrhaftiger und nicht nur gespielter Souveränität.

Gefühlslagen managen zu können, führt zu wahrhaftiger Souveränität.

Wirklich frei sind wir, wenn wir uns sagen können: Da ist sie wieder, die kleine Panik, die ich aus früheren Situationen kenne. Wenn wir sie also als Warnhinweis willkommen heißen, aber gleichermaßen sagen können: Jetzt bin ich so einer Situation nicht mehr hilflos ausgeliefert und deshalb auch nicht mehr von ihr bedroht. Jetzt kann ich damit umgehen!

Wir wissen dann, dass trotz dieser Aufregungsattacke alles gut werden kann, weil wir gelernt haben, damit umzugehen. So können wir diesen verunsicherten Teil zum Beispiel bewusst zu Hause auf dem Sofa platzieren oder am Schreibtisch warten lassen, bis wir wieder zurück sind von der Bühne oder der Kamera. Das klingt vielleicht für jemanden, der es nicht gewohnt ist, sich mit seinen inneren Anteilen auseinanderzusetzen, etwas merkwürdig. Aber meine jahrelange Arbeit mit Menschen, die überzeugender kommunizieren und souveräner präsentieren wollen, bestätigt mir, dass genau dies zum nachhaltigen Erfolg führt. Außerdem gebe ich gern zu, dass mir diese spielerische Herangehensweise wirklich sehr gut gefällt, weil sie dem Ernsten die Schwere nimmt und im Potenzialentfaltungsprozess auch für lustige Momente sorgt.

Wer dagegen versucht, seine inneren Anteile zu verdrängen oder zu ignorieren, wird erleben, dass sie sich trotzdem Gehör verschaffen, durch welche Symptome und Reaktionen auch immer.

3.5 Sie können WIRKEN

Selbstvertrauen bewirkt Fremdvertrauen – Überzeugung überzeugt

Wenn nur die begabtesten Vögel singen würden, wäre es still im Wald und auf der Heide. **Doch gerade uns Erwachsenen ist oft das Gefühl für unsere Wirkmächtigkeit verloren gegangen**, es wurde uns im Prozess des Heranwachsens förmlich aberzogen. Bei kleinen Kindern ist das meist noch anders und es ist einfach wunderbar zu beobachten, wie sie sich die Welt mit festem Willen erobern und mächtig stolz sind, wenn sie etwas erreicht haben. Wenn sie es das erste Mal geschafft haben, selbst zu stehen oder ein paar Schritte zu gehen.

Diese natürliche Selbstverständlichkeit und Entdeckerfreude, mit der Kinder unterwegs sind, die sind es, die wir uns wieder aneignen dürfen, ja müssen, wenn wir erfolgreich wirken und andere begeistern wollen.

Nicht selten haben charismatische Menschen ja auch einen Hang zur kindlichen Verspieltheit.

Kinder können ihre Selbstwirksamkeit noch genießen und das schelmische Grinsen eines Kindes, das sich gerade erfolgreich eine Waffel erobert hat, ist ansteckend und durch nichts zu übertreffen.

Während sich Kinder noch ungebremst ausdrücken, ist uns Erwachsenen meist das Gefühl für unsere Wirkmächtigkeit verloren gegangen.

Auch die Stimmen von Kindern sind meist durchdringend und klar. Achten Sie mal darauf, wenn Sie im Zug sind oder im Restaurant, dann können solche Kinder zwar durchaus nerven, aber die Kraft, die sie in ihrer Stimme haben, ist einfach bewundernswert.

Aus dem bisher Gesagten lässt sich etwas ableiten, was uns durchaus entlasten kann. Angelehnt an Paul Watzlawick[8], den Philosophen, Psychotherapeuten und Kommunikationswissenschaftler, dessen Bücher unbedingt empfehlenswert sind, lässt es sich so zusammenfassen:

Zerbrechen Sie sich gar nicht erst den Kopf über wohlfeile Worte und perfekt geschliffene Sätze, denn Sie können so oder so nicht NICHT kommunizieren. Und sei es, dass Sie mit einer zuckenden Wange oder einer brüchigen Stimme etwas ausdrücken, was eigentlich verborgen bleiben sollte. Oder um es noch mal anders zu sagen: **Sie können nicht NICHT wirken. Was positiv formuliert bedeutet: Sie können WIRKEN!**

Wir kommunizieren einfach immer und überall, selbst wenn wir gar nicht reden, wofür es ja sogar die schöne Formulierung vom „beredten Schweigen" gibt. Im Übrigen eine Art, sich auszudrücken und zu verhalten, die Politiker gern nutzen, entweder aus diplomatischen Gründen oder aufgrund der Angst, etwas Falsches zu sagen. So entwickeln Profi-Politiker oft die durchaus zweifelhafte Fähigkeit, zwar zu sprechen, aber dabei nicht wirklich etwas auszusagen. Profil gewinnen sie damit jedoch nicht und Persönlichkeit wird so auch nicht ausgestrahlt. Dieses Nichtpositionieren spricht dann allerdings auch wieder Bände, wofür die Wähler durchaus ein Gespür haben.

Wie viel Kraft hat das, was Sie sagen? Wenn Sie wissen wollen, warum die eine Rede verpufft, die andere aber Wirkung zeigt, dann sollten Sie sich mit den Wirkmechanismen „Klarheit und Kraft" beschäftigen. **Klarheit ist das A und O einer gelungenen Performance**, was allzu oft unterschätzt wird. Wir beschäftigen uns dann mit diesem und jenem, lesen dies und das, aber wir prüfen zu wenig, inwiefern wir uns klar sind über das, was wir da eigentlich vorhaben. Dabei ist so viel zu klären: Ihre Aussagen, Ihre Persönlichkeit, Ihre Rolle, Ihre Erwartungshaltungen und die Ihres Gegenübers zum Beispiel.

Klarheit, Kraft und Energie sind drei Wunderbewirkmittel beim Präsentieren.

---

8 Paul Watzlawick, Janet H. Beavin, Don D. Jackson: Menschliche Kommunikation. Formen, Störungen, Paradoxien. Huber, 2007.

Und wenn Sie zu allem Übel aufgrund Ihres rappelvollen Terminkalenders noch abgehetzt und erschöpft in eine Performance gehen statt kraftvoll, kann keine Strahlkraft von Ihnen ausgehen.

Checkliste für Ihre ganz persönliche „Klärungsanlage":

Für was genau wollen Sie Aufmerksamkeit?
Was erwarten Sie von sich?

Was erwarten die anderen von Ihnen?
Was erwarten Sie von den anderen?

Grundsätzlich gilt:

1. Glauben Sie daran, dass Sie immer etwas bewirken können.

2. Suchen Sie nach Zielen und Ausdrucksweisen, die für Sie passen.

TIPPS & TOOLS 27

3.6 Kommunikation ist keine Einbahnstraße, sie nimmt Wege und Umwege

Viele Wege führen ans Ziel - Daher ist das Wichtigste das Ziel

Oft werde ich gefragt, wie man es denn schafft, eine TOP-Moderatorin zu werden. Die ehrliche Antwort ist, es gibt nicht DEN EINEN WEG. Es lassen sich zwar sogenannte „Moderatorenschulen" finden, aber das ist keine anerkannte Ausbildung. Ähnlich wie beim Berater, Keynote-Speaker oder Coach ist „Moderator*in" kein geschützter Beruf – jeder, der will, kann sich so nennen.

Ich selbst halte sehr viel davon, erst mal eine solide Ausbildung oder ein Fachstudium zu absolvieren, weil man so seinen Geist bilden und Kompetenzen erlangen kann, die man später braucht – Dinge wie: Inhalte erfassen, Texte bearbeiten oder Menschenkenntnis erlangen.

Mir jedenfalls war es keineswegs in die Wiege gelegt, einmal auf der Bühne oder vor der Kamera zu stehen. Meine Vorfahren waren Geschäftsleute, Heilpraktiker, Bäcker oder Bauern. Der genetisch darin angelegte kleinste gemeinsame Nenner ist wohl ein gewisser Hang zur Selbstständigkeit, der sich auch bei mir durchgesetzt hat.

Als heranwachsendes Mädchen träumte ich zunächst davon, Ärztin oder Lehrerin zu werden, und ich sehe es noch heute, wie ich alle meine Puppen und Teddys vor mir auf dem Bett platzierte, um ihnen dann wahlweise Verbände und Spritzen zu verpassen oder eine Lektion in Deutsch und Mathe. Ich führte sogar ein Klassenbuch für meine Kuscheltiere, in dem die Noten standen und auch Einträge zum Betragen.

Meine Puppen waren sozusagen mein erstes Publikum, dem ich noch heute dankbar bin für die Geduld und Leidensfähigkeit, die sie mir entgegengebracht haben. Betrachte ich heute meine Tätigkeit als Moderatorin und Coach, dann meine ich, sie ist gar nicht so weit vom Arzt- oder Lehrerberuf entfernt, denn auch meine Arbeit wirkt oft heilsam und bildet weiter. **Worte ans Publikum zu richten oder gute Gespräche auf der Bühne oder vor der Kamera zu führen, kann Balsam für Geist, Herz und Seele sein** und anregend für das Wohlbefinden. Gelingt es mir, Menschen dabei zu unterstützen, ihre Ziele zu erreichen, ob beim Präsentieren, beim Videodreh oder in ihrem beruflichen Alltag, dann ist das sehr erfüllend und beglückend.

> **Nicht immer führt der direkte Weg zum Ziel. Daher einfach weiter gehen, ohne das Ziel aus den Augen zu verlieren.**

Aber zurück zu den Anfängen meiner Laufbahn. Als Kind der DDR wurde ich von Staats wegen zur Konformität angehalten. Wäre es nach meinen Lehrern gegangen, hätte ich eine treue Staatsdienerin werden sollen, die Andersdenkende bespitzelt und ausliefert und so tatkräftig mit am Sozialismus baut, damit dieser den Kapitalismus besiegen und im Kommunismus seinen Höhepunkt finden kann. Wie wir heute wissen, wurde daraus nichts. Durch die Friedliche Revolution aufrechter Bürger implodierte 1989 die DDR und die Mauer fiel förmlich über Nacht. Doch das war in den Jahren, als es für mich darum ging, meine berufliche Laufbahn zu starten, noch nicht absehbar.

Weil ich in der DDR in einer Familie aufwuchs, die nicht systemtreu war, ja sogar religiös und damit verdächtig, wurde es mir verwehrt, auf die weiterführende Schule zu gehen und Abitur zu machen. Stattdessen bekam ich einen Lehrvertrag vorgeschrieben, der sich „Gebrauchswerber/Spezialausbildung Werbemittelhersteller" nannte. Im Westen ist das schlicht ein Designer.

Das war in den 80er-Jahren eine Ausbildung jenseits von Computer und Digitalisierung und somit Kunsthandwerk im wahrsten Sinne des Wortes, bei dem wir noch lernten, mit Pinsel und Feder diverse Schriften zu schreiben oder Plakate zu gestalten, statt via Software auszuwählen.

Bis auf die Tatsache, dass es in der DDR, in der man nicht kaufen konnte, was man kaufen wollte, eigentlich nicht viel zu bewerben gab, hat diese Ausbildung mit ihren auch künstlerischen Komponenten wirklich Spaß gemacht.

Doch in der Praxis gab es in meiner Werbeabteilung, die sich in einem schuppenähnlichen Gebäude auf dem Hinterhof eines Kohlenhofes befand, nichts zu tun, denn kam heiß begehrte Ware in die Läden, standen die Leute Schlange und das Erwünschte wurde nicht erst in Schaufenstern dekoriert, sondern zur sogenannten „Bückware" nur für ausgewählte Kunden auserkoren, die ihrerseits etwas Seltenes als Tauschgeschäft anzubieten hatten.

Und nur Parolen wie „Der Sozialismus siegt" auf Banner zu schreiben, war dann doch nicht mein Fall. Also lehnte ich das angebotene Fachschulstudium für „Werbung und Gestaltung" ab, weil es auch bedeutet hätte, in die Sozialistische Einheitspartei (SED) eintreten und als Führungskraft Parteiarbeit mit den Mitarbeitenden machen zu müssen, weil Werbung ja Öffentlichkeitsarbeit ist und die sollte in der DDR selbstverständlich parteikonform sein.

Ich zog meine Konsequenzen und entschied mich, den staatlichen Bereich komplett zu verlassen und mich im Raum der Kirche weiterzuqualifizieren mit einer zweiten Ausbildung für Kinder-, Jugend- und Altenarbeit. Obwohl ja von Haus aus noch schüchtern, lernte ich hier, mit der Gitarre im Gottesdienst vor der Gemeinde zu stehen und zu singen oder kirchliche Veranstaltungen zu leiten. Letztlich der zarte Beginn meiner Auftritts- und Bühnenkarriere.

Deshalb weiß ich heute: **Es sind manchmal gerade die Umwege, die uns zu der Persönlichkeit wachsen lassen, die später selbstbewusst auf der Bühne oder vor der Kamera steht.** Aber das war damals noch nicht absehbar. Deutlich wurde nur, dass ich mit dieser Ausbildung etwas unterfordert war und daher setzten sich meine Ausbilder am Kirchlichen Seminar in Greifswald dafür ein, dass ich über eine Sonderreifeprüfung doch noch zum Hochschulstudium kam und zwar für Theologie. Voilà!

Auch Umwege können besondere Chancen eröffnen
und dazu führen, dass sich Kompetenzen herausbilden.

Damit ging es zwar vorerst um die Predigt von der Kanzel und noch nicht um die Moderation vor der Kamera, aber Wortgewandtheit und Sprechsicherheit waren jetzt schon gefragt.

Ich lernte die Altsprachen Griechisch, Hebräisch und Latein sowie Exegesen alter Quellen und Texte und bekam damit ein tiefergehendes Gefühl für Sprache. Die Beschäftigung mit der Antike und ihren Philosophen lieferte ausreichend Anregungen für Storytelling oder Rhetorik, sodass ich diese Jahre nicht missen möchte. In besonders schöner Erinnerung habe ich die langen Sommerferien, in denen wir wochenlang – unbeschwert von Karriereängsten – durch bulgarische oder rumänische Gebirge wanderten, soweit es eben für uns DDR-Bürger möglich war, weil das sogenannte sozialistische Bruderstaaten waren. An der Grenze zu Jugoslawien hörte allerdings die Freundschaft auf. Kamen wir der zu nahe, wurden wir festgenommen und hatten Glück, wenn das nicht im Gefängnis endete, was oft genug vorkam.

In der DDR waren wir nicht frei, aber frei von Karriereängsten.

In diesen Jahren ging es darum, den Wissensspeicher zu füllen und Denkstrategien zu erlernen. Ein Fundament, auf das ich mich noch heute stützen kann. Schaue ich mir dagegen die Schulangebote meiner Kinder an und die Reduzierung auf Smartphone und Rechner, trauere ich ein wenig darum, wo die Breite des Wissens geblieben ist. Andererseits kann man heute alles im Netz recherchieren und es ist wohl eher die Kompetenz gefragt, auswählen und Qualität erkennen zu können sowie Fakten von Fake zu unterscheiden.

TIPPS & TOOLS
28

„Be open", denn Sie wissen nicht, wofür das, was Sie erleben, gut ist:

1. Das Leben bietet viele Überraschungen, aber auch Schicksalsschläge. Es lohnt sich jeden Tag, das wertzuschätzen, wofür wir dankbar sein dürfen.

2. Wenn Sie eine Chance erkennen oder einen Reiz verspüren, dann sollten Sie dieser Intuition vertrauen und sich ausprobieren. Es könnte der Schlüssel zu einer besseren Zukunft sein.

3. Am Anfang ist selten das Ganze zu sehen. Kein Grund, aufzuhören oder aufzugeben.

Mein Tor in den Westen – ein Jahr vor dem Mauerfall.

3.7 Was sagt die Stimme über Sie?

Wie Sie das volle Potenzial dieses WIRK-Instruments nutzen

Haben Sie das auch schon erlebt? Sie wollen etwas sagen und plötzlich bekommen Sie Ihre Stimme nicht unter Kontrolle. Sie klingt völlig anders als gewohnt, schlimmer noch, was da aus Ihnen tönt, nimmt Ihnen einen erheblichen Teil Ihrer Ausstrahlung.

Persönlichkeit und Stimme gehören eng zusammen: Ein reichliches Drittel unserer Wirkung, manche sagen an die 35 %, sollen an unserer Stimme hängen, was bedeutet, in puncto Wirksamkeit kann die Stimme den reinen Inhalt übertreffen und ihn sogar zunichtemachen.

Passt der Klang Ihrer Stimme nicht zu Ihrer Rolle und Botschaft, können Sie nicht überzeugend sein. Sind Sie beispielsweise Chef, haben aber eine Fistelstimme und keine klare Aussprache, werden Sie es schwer haben, führungsstark rüberzukommen. Sind Sie Bundesministerin und sprechen kreischend wie eine Nervensäge, ist es ähnlich.

Die Stimme hat eine erhebliche Wirkung und wirkt immer und sofort.

Auch wenn die meisten von uns eher eine „normale" Stimme haben und nur wenige Stimmen schwer erträglich sind, passiert es doch, dass wir uns ausgerechnet in dem Moment, wenn es drauf ankommt, nicht mehr auf unsere Stimme verlassen können. Sie wird brüchig, zittrig oder ganz dünn.

Durch meine Arbeit als Moderatorin mit anderen auf der Bühne oder auch als Coach weiß ich: **Insbesondere Frauen laufen Gefahr, beim Präsentieren schnell mal zu hoch zu sprechen oder „kindlich" zu klingen. Aber auch Männer haben nicht immer einen „vollmundigen" Stimmklang, sondern knarzen und kratzen und ertönen dann alles andere als sonor.**

Das liegt daran, dass wir in Situationen der Aufgeregtheit meist viel zu flach und nur in den oberen Brustbereich atmen, was die Stimme negativ beeinflusst, weil wir so nicht den gesamten Resonanzraum unseres Oberkörpers nutzen können. Wer darüber hinaus noch nuschelt oder undeutlich spricht, muss sich nicht wundern, wenn er seine Wirkung verfehlt.

Dabei gehört das Reden und sich ausdrücken können – vor Kollegen, am Telefon, im Online-Meeting oder aber auf der Bühne und vor der

Kamera – mehr und mehr zu unserem Alltag und wird immer wichtiger. Wir kommunizieren nicht selten von früh bis spät und müssen uns und unsere Arbeitsergebnisse präsentieren, womöglich sogar vor einer kritischen Zuhörerschaft und da sind Stimmvolumen und Stimmsicherheit gefragt.

Inzwischen sind kurze Videoclips oder Live-Feeds in den sozialen Medien wie LinkedIn oder Instagram populär oder Podcasts und Talkrunden auf YouTube und Spotify – und die Kanäle, auf denen geplaudert wird, werden ständig mehr.

Mit den richtigen Tools lässt sich das volle Potenzial der Stimme entfalten.

Deshalb habe ich sieben Schritte identifiziert, mit denen jeder lernen kann, das volle Potenzial seiner Stimme zu entfalten. Natürlich lässt sich die Arbeit an der Stimme nicht nur via Buch und theoretisch vermitteln, aber ein paar Anregungen möchte ich Ihnen gern mitgeben. Mehr dazu und alle praktischen Übungen finden Sie darüber hinaus in meinem **Onlinekurs „Nutzen Sie das volle Potenzial der Stimme"**

Folgende Schritte sind mit Blick auf die Wirkung der Stimme zentral, auf sie werde ich noch detailliert eingehen:

1. Die Stimme ist ein wesentliches Wirkinstrument, denn sie wirkt immer und sofort.

2. Finden Sie heraus, wie sich Ihre Stimme anhört.

3. Stimmen Sie Ihr Stimm-Instrument und bringen Sie es zum Klingen.

4. Erkunden Sie Ihre ureigene Tonvielfalt und Ihren stimmlichen Heimathafen.

5. Versuchen Sie, melodiös statt monoton zu sprechen.

6. Achten Sie auf Artikulation, ohne ins Stakkato zu verfallen.

7. Konzentrieren Sie sich auf das Positionieren und Senden.

TIPPS & TOOLS

29

Wollen Sie einen bestmöglichen Eindruck machen, sollten Sie das dicke Drittel, welches die Stimme ausmacht, keinesfalls außer Acht lassen, sondern auch die Stimme für Ihren Erfolg nutzen.

Wie aber kommen Sie zu einem tollen Stimmklang, der seine Wirkung nicht verfehlt, sodass Sie künftig auch mit diesem Wirk-Instrument eine Sogwirkung entfalten können und Ihnen die Zuhörenden förmlich an den Lippen hängen? Wie können Sie mit Ihrer Stimme variieren, sodass Ihr Vortrag kein monotoner Singsang ist, sondern eine lebendige Melodie, der gern zugehört wird?

**Auch die Stimme für den Erfolg nutzen
und eine Sogwirkung entfalten.**

Stimme und Stimmung hängen eng zusammen. Nicht zuletzt deshalb sollte unsere Stimme immer „stimmig" klingen. Sind wir schlecht gelaunt oder müde, wirkt unsere Stimme anders, als wenn wir gerade im Lotto gewonnen oder den Deal unseres Lebens gemacht haben. Eine verführerische Stimme wird anders moduliert als eine bedrohliche. Und manchmal müssen wir uns erst in Stimmung bringen, um richtig klingen zu können.

Es heißt: Die Stimme ist der Spiegel der Seele. Und in der Tat, ist uns jemand vertraut, wie der Partner, unsere Kinder oder die beste Freundin, dann hören wir sofort, ob es dieser Person gut geht oder nicht. Ob sie euphorisch klingt und glücklich oder das Gegenteil davon.

Die Stimme ist wie der Fingerabdruck einzigartig.

Erblindete Menschen entwickeln oft ein viel feineres Gehör als Sehende und können so ihr Gegenüber akustisch erfassen. Gegenwärtig wird sogar Software entwickelt, die anhand der Stimme Krankheiten identifizieren kann.

Und erinnern Sie sich an das Märchen von den sieben Geißlein? Als die Geißmutter auf den Markt gegangen ist, klopft der hungrige Wolf an der Tür und versucht, sich Zugang zu verschaffen. Er wird aber von den Geißlein an der Stimme als Fremder erkannt. Erst als er Kreide frisst und seine Stimme so verstellt und weich macht, klingt er vertraut und die Tür öffnet sich. Natürlich sollen Sie jetzt keine Kreide essen, aber auf den Klang der Stimme zu achten und dafür etwas zu tun, ist ein erster wichtiger Schritt.

Welchen Klang hat Ihre Stimme? Stimmen Sie Ihr Stimm-Instrument!

Jede Stimme hat ihre eigene Klangfarbe. Sie ist so einzigartig wie ein Fingerabdruck und erzeugt deshalb auch eine ganz individuelle Wirkung.

Wir selbst hören unsere Stimme aber anders als unser Gegenüber, denn wir hören sie über unsere Knochen und nicht über den Raum. Dank moderner Technik können wir uns aber ganz einfach einen Eindruck von unserer Stimme verschaffen. Es reicht ein Smartphone zum Aufnehmen und Anhören.

Wissen Sie, wie Ihre Stimme klingt? Hört sie sich überhaupt stimmig an?

Oder eher zu dünn, zu hoch, zu piepsig, zu kratzig oder zu monoton? Sprechen Sie laut oder leise? Zu schnell oder zu langsam? Klingen Sie hart oder weich? Und wie sprechen Sie? Eher nach vorn zum Mund heraus oder nach hinten in den Hals hinein? Eher klar und deutlich oder aber nasal?

Gehen Sie ruhig mal in Ihr persönliches Forschungslabor und stellen sich folgende Fragen:

Wie schätzen Sie Ihre Stimme ein? Wie hört sie sich an?

Was mögen Sie an Ihrer Stimme und was nicht?

TIPPS
& TOOLS
30

Aber auch ohne Aufnahmegerät lohnt es schon, sich die Wirkung der eigenen Stimme bewusst zu machen. Sie könnten auch eine Ihnen vertraute Person fragen: Was sagt dir meine Stimme über mich? Spreche ich einen breiten Dialekt oder nur ein wenig Slang? Rede ich deutlich oder nuschle ich?

Vielleicht haben Sie auch Lust, mal darüber nachzudenken, welches Instrument zu Ihnen passen könnte: Eine Flöte? Ein Kontrabass? Eine Trompete?

Durchaus interessant ist auch, mal einen Tag lang aufmerksam auf die Stimmen zu lauschen, von denen Sie umgeben sind. Wie hört sich wer an und welche Wirkung löst das bei Ihnen aus?

Wollen Sie Ihr Stimm-Instrument zum Klingen bringen, geht es erst einmal darum, sich zu entspannen und dann den Klangapparat zu kräftigen.

Dafür ist zunächst die Atmung zentral und dass wir in die Bauchatmung kommen, statt nur kurzatmig im oberen Brustbereich nach Luft zu schnappen. Für mich ist da das innere Bild vom gemütlichen dicken Brumm-Bären hilfreich – komme ich in dieses Körpergefühl, wird meine Stimme nahezu automatisch rund und wohlklingend. Allerdings ist das für uns Frauen nicht so leicht umzusetzen, weil wir ganz gern mal den Bauch einziehen, insbesondere wenn wir uns vor anderen präsentieren. Und wie ich von meinen männlichen Klienten höre oder es beim Coaching erlebe, ist das inzwischen oft auch bei Männern der Fall.

Entspannung und Atmung sind bei der Stimmbildung entscheidend.

Wichtig ist, dass die Stimme nicht aus dem Kehlkopfbereich gepresst, sondern aus dem Bauch geholt wird. Dafür braucht es eine tiefe Bauchatmung, um den ganzen Resonanzraum zu öffnen, weil das eine schöne Klangfarbe erzeugt. Was der Stimme dagegen gar nicht guttut, aber oft gemacht wird, bevor jemand zum Reden ansetzt, ist, sich zu räuspern. Hier ist es für die Stimme besser, zu summen oder zu seufzen.

Übung zum Entspannen:

Einfach seufzen mit „Wwwfff" und „Ohhhaahhh".

Übungen zum Kräftigen des Zwerchfells zwischen Magen und Darmbereich:

Hühner verscheuchen mit „Kisch, Kisch" und dabei den Bauch nach außen drücken, sodass er wackelt. Dann ein kräftiges: „Psst! Psst!", wobei der Bauch nach innen und oben gezogen wird.
Machen Sie mit dem Smartphone den Vorher-Nachher-Test – gern auch ein paar Tage hintereinander. Sie werden erleben, wie sich Ihre Stimme verändert.
Weitere Übungen zum Entspannen der Stimme und zum Lockern und Kräftigen des Zwerchfells finden Sie auch hier:

TIPPS & TOOLS

31

Erleben Sie, wie Sie sprechen und finden Sie Ihren Ton

Mir wird häufig gesagt, dass ich eine schöne Stimme habe. Aber das war nicht immer so. Auch wenn ich heute mit klangvoller Stimme vor einer Kamera oder auf der Bühne sprechen kann, war es eine Entwicklung von der schüchternen Sächsin hin zur hochdeutsch sprechenden Moderatorin. Deshalb lade

ich alle, die es möchten, gern ein, mit mir den Weg zu gehen, den ich schon gegangen bin. Sie haben dabei den Vorteil, nicht all die Fehler wiederholen zu müssen, die ich gemacht habe. Sie können Abkürzungen nehmen und von dem Wissen und den Erfahrungen profitieren, die sich in der Praxis bewährt haben.

Im stimmlichen Heimathafen ist die Wohlfühlstimme zu Hause.

Zunächst können Sie Ihre Stimme mit Stimmübungen zum Klingen bringen. Ist das gelungen, ist der nächste Schritt – ähnlich wie ein Detektiv – nach genau dem Stimmklang zu suchen, der Ihnen am meisten entspricht und mit dem Sie sich rundum wohlfühlen. Die Devise lautet: Finden Sie Ihren stimmlichen Heimathafen. Dafür ist es wichtig, Ihre Stimme erst mal aufzuwärmen und die Stimmbänder zu lockern. Wir können sie uns tatsächlich wie zwei luftig-leichte Vorhänge vorstellen, die im besten Fall wie in einem sommerlichen Lufthauch hin und her schwingen.

Hier die wichtigsten Tipps:

Was sich zur Lockerung der Stimme auch empfiehlt, ist das **Gurgeln.** Überhaupt mag es die Stimme feucht und deshalb sollten wir beim Reden **viel trinken.** Am besten stilles Wasser, weil man sonst aufstoßen muss. Zu Heißes oder zu Kaltes ist auch nicht gut und zu Süßes klebt im Mund. Sollte es bei einem Meeting oder einem Vortrag auf der Bühne gar kein passendes Getränk geben, aber der Mund trocken sein, dann können wir uns **kurz auf die Zungenspitze beißen** und schon wird der Speichelfluss angeregt.

Wir können unsere Stimme aber auch ganz einfach mit einem „Hhmmm" lockern. Denken Sie dabei an Ihr Lieblingsessen und dann „Hhmmm, Hhmmm … Jam, Jam". Was sich noch anbietet, ist zu **summen,** so als sei man eine Biene im Bienenstock.

Auch **Lippenflattern** sorgt für einen schönen Stimmklang. Das geht, indem wir Brummgeräusche produzieren, so wie wir es als Kind gemacht haben, wenn wir ein Auto oder Motorrad imitieren wollten. Durch diese Übung wird gleichzeitig auch eine verspannte Mund- und Kiefermuskulatur gelockert.

Mein persönlicher Favorit ist eine Gesangsübung, die ich vor jedem Auftritt mache und die nicht nur meine Stimmbänder flattern lässt, sondern mir zugleich auch Aufregung nimmt. Ich singe dann: „Ning, Neng, Nang, Nong, Nung … nein, neun, naun …"

TIPPS & TOOLS

32

Melodie statt Monotonie – Erkunden Sie Ihr Sprechverhalten

Vermutlich haben auch Sie schon einmal unter einem monotonen Vortrag gelitten. Es ist anstrengend, jemandem zu folgen, der nur gleichförmig vor sich hinspricht oder bei einer Präsentation in einen Singsang verfällt.

Das passiert nicht, wenn Sie Ihre stimmlichen Möglichkeiten kennen und zu nutzen wissen. Dann können Sie im Bereich Ihrer Wohlfühlstimme vortragen und Ihre Sprachmelodie je nach Inhalt modulieren und schon wirkt Ihr Vortrag attraktiver und lebendiger.

Dramaturgie entsteht auch durch Betonung und Abwechslung, indem Sie mal lauter und mal leiser sprechen, mal weicher und mal härter. Sie können schneller reden, etwa bei einer Aufzählung und langsamer, wenn etwas bedeutsam ist. So können Sie abwechslungsreich variieren.

Auch Pausen haben eine unglaubliche Wirkung, was sich gut demonstrieren lässt. Mit einer einzigen Pause lässt sich der Sinn einer Aussage komplett verändern. Statt monoton zu sagen: **„Wir essen Opa!"** – was zu Irritationen führen kann, es sei denn, es handelt sich um Kannibalen, sollte es heißen: **„Wir essen, Opa!".** Das kleine Komma zeigt hier die tatsächlich bedeutsame Pause an.

Betonung, Abwechslung und Pausen sind die Zutaten
für Melodie statt Monotonie.

Eine Pause kann uns übrigens auch vor Füllwörtern wie „Ähh" oder „Ähm" schützen, die wir zumeist dann einsetzen, wenn wir selbst mal einen Moment zum Gedankensortieren brauchen. Die Pause, die sich viele gar nicht trauen zu machen, vor allem wenn sie aufgeregt sind, und sich dabei sogar ins stimmliche Aus hetzen, ist eines der stärksten rhetorisches Mittel.

Manchmal sorgt gerade eine Pause in unserem Redefluss dafür, dass unser Gegenüber uns wieder aufmerksam zuhört oder aus dem Sekundenschlaf erwacht. Nach dem Motto: „Huch, ist's vorbei? Gibt's Kaffee?".

Mit Pausen verschaffen Sie Ihren Worten erst den Raum, damit sie wirken können. Pausen können auch verschiedene Funktionen haben. Es gibt thematische Pausen, Pausen zur Reflexion oder aber dramaturgische Pausen, bei denen die anderen vielleicht sogar kurz denken, dass Sie jetzt Ihren Text vergessen haben und deshalb ganz gespannt sind, was als Nächstes passiert.

Was Betonung bewirkt:

Allein durch die Betonung können wir den Sinn einer Aussage verändern – je nachdem, was unsere Botschaft sein soll, kann ein einziger Satz mindestens drei verschiedene Bedeutungen haben:

1. **Wir** wollen die Zukunft gestalten = Nicht Sie allein, sondern **wir**.

2. Wir wollen die **Zukunft** gestalten = Nicht die Gegenwart, sondern die **Zukunft.**

3. Wir wollen die Zukunft **gestalten** = Sie nicht einfach auf uns zukommen lassen, sondern sie **gestalten**.

Probieren Sie mal, wie gut Sie es schaffen, die verschiedenen Botschaften durch eine unterschiedliche Betonung auszudrücken.

Sollte es Ihnen schwerfallen, mit verschiedenen Betonungen oder auch melodisch zu sprechen, dann hilft es, andere Sprecher aus Radio, Film oder Fernsehen nachzumachen. Dafür einfach Klang und Tempo des jeweils Redenden mitsprechen und erspüren, was zum Beispiel einen Nachrichtensprecher von der Moderatorin eines Boulevardmagazins unterscheidet, in der Art und Weise zu reden und zwar nicht vom Inhalt her, sondern vom WIE des Vortrags. Wie klingt jeweils die Stimme? Welche Stimmung wird verbreitet?

TIPPS & TOOLS

33

Achten Sie auf die Artikulation

Wer klar spricht, statt zu nuscheln, ist natürlich klar im Vorteil, wenn es darum geht, sich verständlich zu machen und auch Vertrauen aufzubauen, ob zu Zuhörenden, Zuschauenden, Interessenten oder Kunden. Nuscheln wirkt nachlässig und schludrig und es entzieht dem Gegenüber Energie, weil es Konzentration verlangt, zu verstehen, was gesagt wird. Manchmal erzeugt es sogar Misstrauen, weil es so klingt, als ob der undeutlich Sprechende etwas zu verbergen hätte.

Daher ist eine gute Artikulation wichtig. Sie darf aber auch nicht zu scharf sein, weil das eine aggressive Anmutung hat. Wir sind ja nicht auf dem Appellplatz und deshalb sollte unsere Ansprache auch nicht im Stechschritt erfolgen.

Eine klare Aussprache hilft nicht nur, sich verständlich zu machen, sie baut auch Vertrauen auf.

Noch ein letzter Tipp für den Fall, dass die Stimme zittert oder weg-rutscht. Dazu sei zunächst gesagt, dass so was immer eine Ursache hat und es wichtig ist, diese zu akzeptieren, anstatt dagegen anzukämpfen. Meist sind es heftige Emotionen wie Angst oder Aufregung, aber auch Trauer, Freude oder Wut, die dazu führen, dass die Stimme bricht, weil wir dann kurzatmig sind. Deshalb ist es an dieser Stelle wichtig, sich erst mal wieder zu entspannen und das geht schnell und effektiv durch Seufzen oder ein kurzes Ein- und ein langes Ausatmen – in etwa im Ver-hältnis 2 : 6 Sekunden.

Wer von sich weiß, dass er recht schnell aufgeregt ist, der kann sich gezielt mit diesen praktischen Übungen auf solche Situationen vorbe-reiten. Eine gute mentale Einstimmung sowie tägliches Training helfen, ganz ähnlich wie bei Spitzensportlern, Fortschritte zu machen und schließlich im Ernstfall zu bestehen.

TIPPS & TOOLS 34

Fragen Sie sich selbst einmal: Warum sollte man Ihnen zuhören?

Was ist Ihre Intention? Denn all das wird über Ihre Stimme trans-portiert.

Eine klare Artikulation können Sie trainieren, wenn Sie zum Bei-spiel mit einem Bleistift quer im Mund oder einem Korken mög-lichst deutlich sprechen.

Erst Positionieren, dann Senden

Zu sprechen – also die Stimme zum Klingen zu bringen – hat auch im-mer etwas damit zu tun, sich bemerkbar zu machen. Wie fühlt sich das für Sie an, wenn plötzlich alle im Raum zuhören und alle Augen auf Sie gerichtet sind? Was passiert da? Wollen Sie überhaupt gehört werden oder meinen Sie, sich dazu zwingen zu müssen? All das wirkt sich auf den Klang der Stimme aus. Auch welche inneren Stimmen in so einer Situation noch mitreden.

Die Stimme ist immer auch Selbstausdruck und deshalb hilft es, sich klarzumachen, was Sie bewirken wollen und warum. Wenn Sie zum Beispiel mit der inneren Haltung agieren, eine Präsentation oder einen Auftritt schnell hinter sich bringen zu wollen, dann wird man es Ihnen anmerken. Genauso wird man merken, wenn Sie es lieben, sich mitzu-teilen und gern Ihr Publikum begeistern.

Stimme = Selbst-WERT & Selbst-AUSDRUCK

Wollen Sie überzeugend sprechen, sollten Sie sich vorab gut positionieren und erst dann senden. Sie können sich dafür vorstellen, wie Ihre Füße Wurzeln im Boden schlagen. So haben Sie eine gute Erdung.

Danach können Sie sich aufrichten, indem Sie sich einen Faden vorstellen, der Sie nach oben zieht. Und warum nicht zum Schluss gedanklich noch eine Krone aufsetzen, wenn es Sie mental in eine majestätische Verfassung bringt. So können Sie sich mit inneren Bildern bestärken und die Kraft des geistigen Auges nutzen. Im Übrigen hilft das auch, um einen guten Kontakt zu Ihrem Gegenüber herzustellen.

→ s. 4. Kapitel Resonanz, Seite 131

Am Ende steht die Frage: Welchen Klang möchten Sie in die Welt bringen?

Und da möchte ich Ihnen zurufen: Lernen Sie Ihre Stimme zu lieben! Wenn Sie Ihren Ton gefunden haben, dann ist es der richtige. Lernen Sie ihn lieben. Letztlich bedeutet es nichts anders als: Lernen Sie sich selbst zu lieben! Klingt womöglich etwas schmalzig, ist aber trotzdem wahr und wirksam. Wetten, dass?

3.8 Herzlich WILLKOMMEN Lampenfieber

Aufgeregtheit managen

Lampenfieber ist häufig die Ursache dafür, dass die Stimme wegrutscht oder bricht. Was der Stimme hilft, haben wir geklärt. Wie aber ist es mit dem Lampenfieber, das wohl jeder schon mal erlebt hat?

Lampenfieber ist bei genauerer Betrachtung eigentlich nur ein Scheinriese. Ein Scheinriese, weil es doch völlig normal ist, dass wir aufgeregt sind, wenn wir etwas anderes als das Übliche tun und damit unsere Komfortzone verlassen. Auch ich kenne selbst nach über 25 Jahren vor der Kamera und auf der Bühne noch Lampenfiebermomente und weiß dann: *„Okay, es geht gleich los und nun heißt es, konzentriert zu sein und den Fokus auf das zu halten, was ich mir vorgenommen habe."*

Nicht aufgeregt zu sein, wäre für mich deshalb eher ein Grund, mir Gedanken zu machen, wäre es doch ein Zeichen für mangelnden Respekt vor der Sache.

Lampenfieber kann sehr nützlich sein.

Lampenfieber macht mich wach für das, was jetzt ansteht und es macht mich präsent. Deshalb ist es für mich eine willkommene Antriebsenergie, die wie ein körpereigenes Aufputschmittel meine Aufmerksamkeit erhöht, meine Energiereserven mobilisiert und mir die nötige Spannung verleiht, um richtig in Gang zu kommen.

Das belastende Lampenfieber hat dagegen eine ganz andere Qualität, denn es entsteht einerseits durch überhöhten Erwartungsdruck, den wir uns übrigens zuallererst oft selbst machen – andererseits entsteht es durch Versagensangst, die mit früheren Erlebnissen und mit verletzenden Erfahrungen zusammenhängt. Sich zu zeigen, hat ja immer auch etwas mit Selbstentblößung zu tun und die ist mit Schamgefühlen verbunden. Wer hier nicht sicher in sich selbst verankert ist, kann schnell in den Abwärtsstrudel des negativen Lampenfiebers geraten und es nicht positiv als Antriebsenergie nutzen.

Das belastende Lampenfieber entsteht durch überhöhten Erwartungsdruck oder durch Versagensangst.

Äußert sich Lampenfieber durch weiche Knie, schwitzen oder zittern,

Verdauungsstörungen oder Erröten (bei mir gern am Hals) ist das natürlich unangenehm. Was es braucht, ist ein Umgang damit, ein Selbstmanagement. Profis entwickeln hier Techniken wie Atemübungen, Autogenes Training oder sie vollziehen Rituale wie Pfeifen, Hüpfen oder sie sagen dreimal „Toi, toi, toi". Auch Meditieren oder Visualisieren kann helfen. Ich persönlich wende gern Duftöle gegen Stress an. Auch die Einnahme von Baldrian oder Johanniskraut kann beruhigen, von Alkohol oder Beruhigungs- und Schlaftabletten möchte ich ganz klar abraten.

Der erste wichtige Schritt beim Umgang mit Lampenfieber ist, es zu akzeptieren und bloß nicht dagegen anzukämpfen.

Jeglichen Unterdrückungs- oder Vertuschungsversuch können Sie sich jedenfalls sparen, denn er kostet nur Kraft und dieser Kampf ist nicht zu gewinnen. Lampenfieber hat einen Grund und daher ist es besser, dieser Erscheinung unseres Selbstbefindens freundlich zu begegnen und zu ergründen, was uns jetzt guttun würde.

Geht Lampenfieber über das übliche und erträgliche Maß an Aufregung hinaus, dann lässt sich natürlich daran arbeiten, damit es verträgliche Dimensionen annimmt. Meine Devise dabei ist: **Verbalisierte Unsicherheit ist sympathischer als vorgetäuschte Sicherheit.** Wenn Ihnen bekannt ist, dass Sie schnell unsicher werden und Ihre Beine vor einem Auftritt wackelig, zum Beispiel weil Sie als Wissenschaftler eher eine „Laborratte" sind als eine „Rampensau", dann rate ich Ihnen: **Gehen Sie offensiv mit Ihrer Unsicherheit um!**

Sagen Sie so etwas wie:

Guten Tag, meine Damen und Herren,
es ist mir nicht gegeben, locker vor Publikum zu sprechen und normalerweise stehe ich vorm Mikroskop und nicht am Rednerpult. Nur würde ich Ihnen gern meine neuesten Forschungsergebnisse präsentieren. Bitte nehmen Sie es mir nicht übel, dass ich dabei unsicher bin und Sie das merken werden.

Ich garantiere Ihnen, die Zuhörenden sind hier schnell auf Ihrer Seite und Sie werden vermutlich sogar spontanen Applaus ernten, denn jeder hat in seinem Leben schon die Erfahrung gemacht, sich überfordert und überwältigt zu fühlen oder schlicht einer Sache nicht gewachsen zu sein. **In den allermeisten Fällen können Sie fest mit dem Verständnis des Gegenübers rechnen.**

Für die Selbstklärung und Selbsterkundung sind diese Fragen relevant:

Wie macht sich bei Ihnen Lampenfieber bemerkbar – was sind innere und was äußere Anzeichen?

Was genau verunsichert Sie – frühere Erlebnisse oder eigener Erwartungsdruck?

Was bedeutet es für Sie, „sicher und souverän" zu sein und wie fühlt sich das im Vergleich zur Unsicherheit an?

Was brauchen Sie, um sich sicher fühlen zu können? Sind es Powerposen, Hilfsmittel wie Moderationskarten oder Visualisierungen?

Was ist das Schlimmste, was Ihnen passieren kann? Was genau wäre daran so schlimm?

Allein solche Klärungen können aus dem Riesen „Lampenfieber" ein Gegenüber auf Augenhöhe machen, ja es vielleicht sogar auf Zwergenmaß schrumpfen.

Was nach meiner Erfahrung erstaunlicherweise viele Spitzenleute vernachlässigen, ist vor einem Auftritt gut für sich zu sorgen. Dazu gehört: Früh genug da zu sein, selbst wenn ständig Termindruck herrscht, denn es erhöht die persönliche Wirkungskraft, sich schon mit dem Raum und der Situation vertraut zu machen und die Technik zu testen, insofern sie benutzt werden soll. Auch der Aufgang auf die Bühne oder der Gang vor die Kamera können geprobt werden, um ein Gefühl dafür zu entwickeln.

Von Vorteil ist auch, noch etwas zu trinken oder noch mal in Ruhe nachzuschauen, ob die Krawatte gut sitzt oder das Make-up. Genau solche kleinen Vorkehrungen sind der Punkt auf dem „i", wenn Sie Spitzenleistungen erbringen möchten.

Vor jedem Auftritt gut für sich zu sorgen, ermöglicht Spitzenleistungen.

Ich erinnere mich noch gut an einen Vorstandsvorsitzenden, der mehrere hoch problematische Mitarbeiterversammlungen abzuhalten hatte, weil Tausende Leute entlassen werden sollten. Er hatte mich als Coach engagiert, weil ich ihn dabei unterstützen sollte, diese Auftritte bestmöglich zu absolvieren, was bedeutete, die, die gehen müssen, wertschätzend zu verabschieden und die, die bleiben würden, neu zu motivieren. Wie immer schaute ich mir auch bei ihm zunächst an, wie er präsentierte, um einen Eindruck davon zu bekommen, um was es in diesem Coachingprozess gehen könnte. Sehr erstaunt war ich, als ich sah, wie er auf die Bühne hetzte und sich so ungeschickt vor das Beamerlicht stellte, dass ihm die ganze Zeit seine PowerPoint-Präsentation über die Stirn lief.

Sie können sich vermutlich vorstellen, wie komisch das aussah und dass es so überhaupt nicht zum Ernst der Lage passte. Was ich dann mit ihm im Coaching als erstes klären konnte, waren Themen wie:

Warum haben Sie so schlecht für sich gesorgt? Warum checken Sie nicht ein paar Minuten vor Beginn schon einmal die Lage?

Klar haben alle Vorstände einen pickepackevollen Terminkalender, aber wie können Sie erwarten, dass Sie spitzenmäßig wirken, wenn Sie nicht für gute Umstände sorgen? Das können Sie auch nicht alles Ihren Assistent*innen oder Referent*innen überlassen.

Und noch etwas: In dem Moment, wenn Sie merken, dass da etwas schiefläuft – wie eine PowerPoint-Präsentation, die Ihnen auf die Stirn scheint –, müssen Sie für bessere Auftrittsbedingungen sorgen, statt die Sache weiter durchzuziehen, als sei nichts passiert. Das wirkt alles andere als souverän, obwohl ja gerade das erreicht werden soll.

An solchen Stellen zeigt sich, wie jemand funktioniert und es sind meist gerade solche kleinen Verhaltensweisen, die Größeres offenbaren und von denen aus die Verbesserungsarbeit beginnen kann.

Meist offenbaren gerade kleine Verhaltensweisen größeres und weisen den Weg für die Veränderungsarbeit

Mein Geheimtipp:

Pssst! Nicht verraten: Für mich ist vor jeder Veranstaltung die Toilette ein idealer Ort, um mich noch mal zu besinnen und mich innerlich auszurichten. Denn selbst nach einem Vierteljahrhundert als Moderatorin kann es mir immer noch passieren, dass ich kurz vor Beginn einer Veranstaltung plötzlich denke: *„Oh weh, du hast die Begrüßungsmoderation nicht parat!"*

Und tatsächlich erlebe ich dann eine Schrecksekunde, bis ich mir vergegenwärtige: *„Nein, das kann nicht sein. Ich bin gut vorbereitet und so was ist noch nie passiert. Also ‚Keep cool'."*

GEHEIM-TIPP

GEHEIM-TIPP

Die Blitzdenker unter Ihnen werden jetzt natürlich einwenden, dass einmal immer das erste Mal ist. Und meine Erfahrung als Auftrittscoach zeigt, dass die Angst vor einem „Blackout" in der Tat für viele zentral ist. An dieser Stelle möchte ich jedoch sagen: Blackout – na und? Davon geht die Welt nicht unter. Für den seltenen Fall, dass es wirklich so kommt, können Sie sich vorher einen Satz überlegen wie *„Meine Damen und Herren, es tut mir leid, gerade steht jemand auf meiner Leitung. Ich schaue jetzt erst mal auf meine Moderationskarten …"* und dann geht es weiter.

Garniert mit einem sich selbst verzeihenden Lächeln, wird Ihnen niemand böse sein. Ich wette sogar, man wird Ihre Souveränität bewundern und Ihnen mit Mitgefühl zur Seite stehen.

Von einem Blackout geht die Welt nicht unter.

Ich kenne sogar einen Speaker, der mitten auf der Bühne im Scheinwerferlicht angekommen, seine Rede vergaß. Und dann? Aufgrund dieses für ihn zunächst höchst peinlichen Erlebnisses hat er gemerkt, dass das, was er vortragen wollte, eigentlich gar nicht sein Herzensthema ist. Genau das hat er dann auch offen vor dem Publikum thematisiert.

In diesem Moment war die Luft im Raum wie elektrisiert. So eine Spannung zu erschaffen, ist sehr selten. Am Ende waren sowohl er als auch seine Zuhörerschaft sehr froh und sogar dankbar für diesen Gedächtnisausfall, denn er hat demonstriert, wie sich mit Ehrlichkeit zu sich selbst, ein authentischer Auftritt gestalten lässt.

Hier passt tatsächlich die alte Binse: „Wer weiß, wofür es gut ist?" und genau das können Sie bei einem Blackout auch lächelnd zu Ihrem Gegenüber sagen. Und höchstwahrscheinlich wird das Publikum zurücklächeln. Allein unsere Spiegelneuronen sorgen dafür, dass wir nicht anders können, denn ein Lächeln und Freundlichkeit sind ansteckend.

Wir sollten uns immer vergegenwärtigen, dass das, was sich für uns ganz furchtbar und schrecklich anfühlt, für andere meist gar nicht so dramatisch ist. Kennen Sie dazu das gewitzte Experiment, bei dem einer jungen Studentin eine Spaghetti an die Wange geklebt wurde und danach wurden andere, die ihr begegnet waren, gefragt, ob sie das wahrgenommen hätten?

Das war bei den wenigsten der Fall und es zeigt: Unser Publikum ist oft viel weniger aufmerksam, als wir meinen und am Ende entscheidet sowieso der Gesamteindruck.

**Wenn Sie Ihren Anfang vermasselt haben,
kann Ihr Schluss immer noch sitzen.**

Seien Sie also durchaus dankbar für alles, was gelingt und speichern Sie es als positive Referenzerfahrung ab. Sollte Sie dann irgendwann mal wieder eine größere Portion Lampenfieber überfallen, können Sie sich daran erinnern. Ganz im Sinne der rheinländischen Weisheit: „Et hätt noch emmer joot jejange".

Sieben Tipps im Umgang mit Lampenfieber:

1. **Akzeptieren:** Angst wird kleiner, wenn sie angeschaut wird. Sie können den Drachen nur besiegen, wenn Sie der Begegnung mit ihm nicht ausweichen.

2. **Klären:** Was sind berechtigte, was unberechtigte Ängste?

3. **Vorbereiten:** Sorgen Sie gut für sich und gehen Sie gut vorbereitet in jeden Auftritt.

4. **Fragen:** Wie können Sie die Bedingungen für Ihren Auftritt optimieren? Was wäre unterstützend für Sie?

5. **Nutzen:** Lampenfieber kann Antriebsenergie sein. Ohne Lampenfieber keine Höchstleistung.

6. **Aussprechen:** Verbalisierte Unsicherheit ist besser als vorgetäuschte Souveränität. Der Stress, entlarvt zu werden, wird Ihnen zudem zusätzlich Druck machen und Sie begeben sich in Gefahr, Ihre Glaubwürdigkeit zu verspielen.

7. **Lernen:** Sammeln Sie positive Referenzerfahrungen und reflektieren Sie Ihre Auftritte: Was ist gelungen, was können Sie künftig besser machen?

TIPPS
& TOOLS
36

3.9 Der größte Killer unserer Selbstwirksamkeit

Die Auswirkungen einer Déformation professionnelle

Sich selbst abhandenzukommen oder nie bei sich angekommen zu sein, sind die größten Killer unserer Selbstwirksamkeit.

Es ist schon merkwürdig, wie schnell das passieren kann, wo wir doch alle nur dieses eine Leben haben, in dem es vor allem darum gehen müsste, uns selbst auszudrücken und unsere Individualität zu leben. Doch zu unseren Grundbedürfnissen gehört neben Essen, Trinken und Schlafen auch die Zugehörigkeit und die kann dazu führen, dass wir uns an Menschen oder Situationen anpassen, obwohl sie uns nicht guttun.

Auch das Bedürfnis nach Anerkennung kann der Grund für eine Persönlichkeitsverbiegung sein so wie übermäßiges Erfolgsstreben zum Verbleiben in einer Situation oder Position führen kann, die uns am Ende vielleicht sogar krank macht.

Enttarnen Sie Ihre Vitalitätsräuber und lassen Sie das Tabu der eigenen Bewusstwerdung hinter sich.

Es war schon immer eine interessante Frage, ob eine Position oder Institution den Charakter verändert oder eine Person es schaffen kann, zum Beispiel eine Behörde zu verändern. Die Erfahrung zeigt, dass in Behörden, Firmen oder Ämtern meist das Individuelle dem kollektiven Anpassungsdruck weicht. Kommen dann noch Karriereangst und Pöstchenklammerei dazu, ist es nicht mehr weit bis zur „déformation professionnelle". Dann wirken wir nicht mehr lebendig und authentisch, sondern wie in einem Korsett. Um das zu verhindern, braucht es regelmäßige Reflexion und ein kritisches Korrektiv statt Menschen, die uns nach dem Mund reden.

Ich gehe mal davon aus, dass auch Sie zu den ambitionierten, erfolgsorientierten Menschen gehören, die vieles daransetzen, immer besser zu werden und ich schätze solche Menschen und liebe es, mit ihnen zu arbeiten. **Allerdings unterschätzen einige, was es bedeutet, ins Rampenlicht zu treten, denn es ist letztlich ein Leben auf dem Präsentierteller.** Insbesondere in unserer Zeit, in der wir ständig von Handykameras umgeben sind, ist das wahrhaft kein Zuckerschlecken.

Prominent sein zu wollen, ist das eine. Prominent zu sein, das andere.

Es ist also gut, wenn wir uns vorher klarmachen, was die Folgen unseres Erfolgs sein können, um nicht im Nachgang überrascht oder enttäuscht zu sein. Die persönliche Rollenklärung sollte also auch diesen Aspekt umfassen.

→ *s. Rollenklärung: Welche Hüte habe ich auf und will ich das? Seite 58*

Ansonsten droht das, was sich bei etlichen Erfolgsorientierten beobachten lässt: eine Verformung der Person durch das Amt oder durch ein Getriebensein von zu vielen Anforderungen und Aufgaben.

Die Rückkehr zu uns selbst und zu unserem individuellen Sein wird bei vielen leider erst möglich, wenn sie krank geworden sind oder einen Schicksalsschlag erleiden. So weit muss es nicht kommen, wenn Sie achtsam sich selbst gegenüber sind und bei vertrauten Menschen Feedback zu Ihrer Person einholen.

Dann können Sie den Sand des Gewohnten und Alltäglichen noch einmal nach Goldklumpen durchsieben. Sie sollten sich auch nicht scheuen, ein weiteres Mal ein tiefes Tal zu durchwandern oder einen noch höheren Berg zu besteigen. Entdecken und pflegen Sie das Paradies der eigenen Wahrhaftigkeit und Kreativität und ureigenen Wirkmächtigkeit. Suchen und finden Sie das Schöne im Hässlichen. Nur wer die nackte Wahrheit aushalten kann, wird den Weg in eine bessere Zukunft sehen und gehen können.

Persönliche Anregung zur Inventur:

Fragen Sie sich: Was ist eigentlich aus meinen Träumen geworden? Wie sieht die Balance zwischen Leben und Arbeiten bei Ihnen aus?

TIPPS
& TOOLS
37

SPASS BEI DER ARBEIT –
HINTER DEN KULISSEN

Gelingende Kommunikation lebt von Resonanz.

4. Das „R" der I.P.R.-Erfolgsformel © –
„R" wie Resonanz

Nutzen Sie Ihre Nase – Leben Sie Neugier - Die heiß begehrte Schlag-fertigkeit - Das Verkaufen von negativen Botschaften - Der Umgang mit frechen Fragen – Charisma und wie auch Sie Ihren Ausstrahlungs-wert steigern

Und damit wären wir beim dritten und letzten Baustein der *I.P.R.-Erfolgsformel* © angelangt, dem Resonanzaufbau. **Gelingende Kommu-nikation ist nie nur ein Senden und auch keine Einbahnstraße, son-dern immer auch ein Empfangen, also Begegnungsverkehr.** Wer wir-ken will, sollte keine Monologe halten, sondern mit dem Publikum in einen Dialog treten. Dafür bieten sich zum Beispiel ganz einfach Fragen an. Natürlich möglichst etwas geschickter als der Kasper im Kinder-theater mit seinem *„Seid ihr alle da?"*. Der Effekt ist aber ähnlich – es geht darum, nicht nur zu Menschen zu sprechen, sondern auch *mit ih-nen*, sodass sie sich gesehen und tatsächlich angesprochen fühlen.

Noch mehr als bei analogen Events gilt das für Onlineveranstaltun-gen, bei denen eine noch größere Distanz zu überwinden ist. Da ist „vir-tuelles Kuscheln" angesagt. Schon eine einladende Geste, ein freund-liches Winken oder Augenzwinkern verbinden uns Menschen und zaubern ein Lächeln in unsere Herzen. Insbesondere bei einem Online-Meeting ist es entscheidend, immer wieder visuelle Resonanzsignale auszusenden.

Kommunikation = Begegnungsverkehr.
Überwinden Sie die Distanz zum Gegenüber, im Online-
Meeting ist sogar „virtuelles Kuscheln" erlaubt.

Während wir uns in den ersten beiden Teilen des Buches vor allem um uns selbst gedreht haben, um Fragen rund um den Inhalt und zu unse-rer Persönlichkeit, wird nun der Blick geweitet und auf das Gegenüber gerichtet.

Jetzt ist Empathie gefragt und die Fähigkeit, sich in Szene zu set-zen und für Überraschungsmomente zu sorgen. Das Ziel ist, ganz bewusst mit dem Publikum zu interagieren und in Beziehung zu gehen. **Nach der Inhalts- und Persönlichkeitsebene wird der Fokus jetzt auf die Beziehungsebene gerichtet, bei der es darum geht, Interesse zu wecken und Vertrauen aufzubauen.**

Wichtige Fragen:

Kennen Sie Ihre Zielgruppe? Was haben Sie dazu im Vorfeld in Erfahrung gebracht? Gibt es Anknüpfungspunkte, mit denen Sie eine Verbindung schaffen können? Manchmal reicht schon ein freundlicher Kommentar zum Wetter oder Veranstaltungsort, um eine Brücke zu bauen.

4.1 Den richtigen Riecher haben

Nutzen Sie Ihre Nase

Wenn ich einen Veranstaltungsraum betrete, bin ich ähnlich wie ein Spürhund unterwegs. Ich erschnüffle förmlich die Situation und Atmosphäre, durchstreife den Saal und schaue mir die Gäste an, die wie ich schon etwas früher gekommen sind.

Dabei versuche ich, Gespräche weitestgehend zu vermeiden, denn die kosten Energie und lenken ab und ich möchte meinen Fokus gern auf das gerichtet halten, was ich mir für diese konkrete Performance vorgenommen habe. Ich gehe also mit der Aura „Noli me tangere" – berühre mich nicht – umher und signalisiere über meine Körpersprache, dass ich jetzt nicht in einen tieferen Austausch einsteigen möchte, grüße aber natürlich freundlich. So versuche ich nach außen präsent zu sein und dennoch innerlich konzentriert.

All dies in einem geschmeidigen Fluss zu halten, ist durchaus eine Kunst, die gelernt sein will. Sie können sich das in etwa so wie das Schreiten einer Königin oder eines Königs vorstellen.

Dies alles dient dazu, das Publikum zu scannen, die Energie im Raum zu erfassen und ein Gefühl dafür zu entwickeln, welche Tonalität bei der Begrüßung angemessen ist. Es geht darum, mein Publikum wahrzunehmen, was es denkt und wie es tickt statt nur mit sich selbst beschäftigt zu sein.

Das Publikum und die Atmosphäre wie ein Spürhund erschnüffeln und Unerwartetes präsentieren.

Habe ich den Auftrag, eine Veranstaltung zu moderieren, versuche ich möglichst, das Gewohnte und Erwartbare zu vermeiden. Ich begrüße zum Beispiel, indem ich von hinten in den Raum hereinkomme oder von der Seite. Oder ich verlasse während meiner Moderation die Bühne und flaniere durch die Zuhörerschaft, was es mir ermöglicht, mit dem ein oder anderen in Kontakt zu kommen, sei es über Augenblicke oder sogar einen kurzen Talk.

Grundsätzlich richte ich meine Aufmerksamkeit auf alle – von der ersten bis zur letzten Reihe – und spanne meinen Wahrnehmungsbogen über den ganzen Raum. Im Online-Meeting ist das natürlich viel schwerer, aber auch da ist es wichtig, möglichst jeden im Blick zu behalten bzw. immer wieder eine Beziehung zu den Zuhörenden aufzubauen.

Was immer ich dann bemerke, beziehe ich ein und gehe mit dem, was ist. Geht ein Glas zu Boden oder fängt ein Kind an zu schreien, ich ignoriere es nicht, sondern greife es auf. Genau das macht meine Präsentation lebendig und zeigt, dass ich nicht nur vorher auswendig Gelerntes abspule. Aber natürlich muss ich dafür textsicher sein und wissen, was mein roter Faden ist.

Gibt es diesen schönen Wechsel aus Senden und Empfangen, dann können wir unsere Zuhörerschaft aktiv mit ins Boot holen und **ein Wirgefühl entstehen lassen**. Und natürlich braucht es Augenhöhe, denn es bringt nichts, wenn unser Publikum uns nicht folgen kann.

Die Aufmerksamkeit nutzen, um ein Wirgefühl entstehen zu lassen.

Sind wir in einer Hybrid- oder Onlineveranstaltung, brauchen wir noch mehr Vorstellungsvermögen dafür, was unser Publikum jetzt wohl denken könnte oder wissen will und welche Fragen es stellen würde. Genau das können wir dann aktiv aufgreifen – nach dem Motto: *„Ich kann mir vorstellen, dass Sie jetzt denken, … dass Sie sich fragen, … dass der ein oder andere glaubt, …"*. So lässt sich selbst durch die kleine schwarze Linse der Kamera, die ich persönlich mir übrigens in meinen Lieblingsmenschen verwandle, Kontakt herstellen.

Mit Vorfreude ans Werk zu gehen und mich nicht von einer kühlen Routine leiten zu lassen, ist für mich auch nach über 25 Jahren noch wichtig, obwohl ich nach all den Sendungen und Veranstaltungen, die ich schon moderiert habe, versiert und erfahren bin.

Und vergessen Sie nie: Lächle und es wird zurückgelächelt. Lächeln ist die schönste und harmloseste Ansteckungsgefahr der Welt.

TIPPS & TOOLS 39

Anregung zur Reflexion:

Natürlich lohnt es, vor einem Auftritt oder einer Präsentation noch mal darüber nachzudenken, was es mit Ihnen macht, wenn Sie vor Publikum oder vor die Kamera treten. Nur wenn Sie sich dessen bewusst sind, werden Sie wirksam präsentieren können, ohne dass es am Ende peinlich wird oder daneben geht.

Leben Sie Neugier – hier gehört sie hin

Neugier hat leider nicht den guten Ruf, den sie haben müsste, denn oft wird Neugier mit Grenzüberschreitung verbunden. Hinter der Gardine zu spannen und zu beobachten, was andere machen, an der Tür zu lauschen oder übergriffige Fragen zu stellen, das ist die Schattenseite. **Die positive Seite der Neugier ist jedoch ein wunderbarer Wahrnehmungszustand, ein Zustand der Zugewandtheit, der Ihrem Gegenüber Offenheit für Neues signalisiert.**

Sehen Sie sich die Welt mit Entdeckeraugen an und verbinden Sie sich bewusst mit dem Hier und Jetzt. Seien Sie neugierig auf das, was Sie erfahren und erleben werden und setzen Sie sich damit in Beziehung. **Wer also in Resonanz gehen will, sollte seine Neugier wecken.**

Mit Neugier erfahren Sie Neues und erleben Ungewöhnliches.

Überraschen Sie ihr Publikum, indem Sie sich nicht nur informiert, sondern auch interessiert zeigen. Oder andersherum ausgedrückt: Können Sie es sich leisten, nicht darüber nachzudenken, mit wem Sie es zu tun haben?

TIPPS & TOOLS 40

Die drei magischen Resonanzverstärker:

Begeisterung zeigen, Vertrauen schaffen, Identifikation ermöglichen.

4.2 Die heiß begehrte Schlagfertigkeit

Wenn Sie mir genug Zeit lassen, bin ich total spontan

Wer kennt das nicht: Sie werden mit einer Provokation konfrontiert, sind für den Moment sprachlos und erst Stunden später fällt Ihnen ein, wie Sie hätten reagieren sollen. Tja, „hätte, hätte, Fahrradkette". Auch bei der Schlagfertigkeit geht es darum, in Resonanz zu gehen – nur wie?

Bleibt Ihnen in so einer Situation das Wort im Halse stecken, weil Sie unvermittelt pampig oder gar beleidigend angesprochen werden, ist das vor allem erst mal eines: normal.

Normal, weil ja unser unbewusster Steuermann im Kopf im Alarmzustand agiert (s. Seite 94). Sie können sich das tatsächlich so vorstellen, als wenn da innerlich eine schrille Sirene angeht. Und obwohl dies nicht bewusst wahrzunehmen ist, erschrickt unser ganzes System und zuckt zusammen. Klare Gedanken sind in so einem Zustand kaum zu fassen, denn wie immer, wenn wir unter Stress geraten, verengen sich automatisch unsere Handlungsspielräume, wir bekommen einen Tunnelblick und sind blitzartig damit beschäftigt, ob wir uns jetzt besser tot stellen, flüchten oder angreifen sollten.

Das ist nicht die Situation, in der wir geistig offen sind und verbal aus den Vollen schöpfen können. Es nützt deshalb gar nichts, sich nun mit zu hohen Erwartungen an unsere Schlagfertigkeit oder mit Selbstbezichtigungen noch mehr unter Druck zu setzen.

> **Nicht jeder von uns hat von Natur aus ein flottes Mundwerk. Nicht jeder kann aus dem Stand kontern oder das Gegenüber gekonnt „Schachmatt" setzen.**

Das Einzige, was hier zunächst hilft, ist, dem inneren System Entwarnung zu signalisieren. **Ein innerliches, sich selbst beruhigendes „Alles gut" und ein „Erst mal tief durchatmen" sind wirkungsvolle Erste-Hilfe-Maßnahmen, um überhaupt wieder in den Aktionsmodus „Schlagfertigkeit" zu kommen.**

Was ebenso unmittelbar wirkt, ist ein freundliches Lächeln mit erhobenem Kopf und geradem Rücken, gern ergänzt mit einem *„Aha"* oder *„Ach so"* – was in jedem Fall besser ist, als nur bedröppelt zu gucken oder lediglich betroffen zu reagieren, was der Kardinalfehler Nummer 1 wäre. Zu Kardinalfehler Nummer 2 kommen wir gleich.

Stress führt zu einem Tunnelblick, dann lässt sich nicht mehr aus den Vollen schöpfen.

Sollten Sie vorab wissen, dass Sie sich in eine brenzlige Angelegenheit oder hitzige Diskussion begeben müssen, können Sie sich auch gezielt präparieren. Sie können zum Beispiel mit autogenem Training arbeiten oder mit Düften, die sofort im limbischen Gehirn ankommen und dort ihre positive Wirkung entfalten. Solche Duftöle gegen Stress lassen sich auf das Handgelenk auftragen und dann können Sie in einer schwierigen Situation kurz an dieser Stelle schnuppern, was eine unverfängliche Geste ist, die Ihr Gegenüber durchaus auch ablenken und aus dem Konzept bringen kann.

Eine weitere vorbeugende Maßnahme wäre, einen Körperanker zu setzen. Diese Methode kommt aus dem Bereich des Neurolinguistischen Programmierens (NLP)[9] und es geht dabei um das bewusste Verbinden von einem Reiz – wie Provokation, Ärger oder Stress – mit einer bestimmten Reaktion – wie erst mal tief durchatmen und souverän Lächeln –, die uns hilft, uns innerlich neu zu sortieren. Der von uns vorher bewusst trainierte Körperanker kann dann nahezu automatisch unsere Wunschverhaltensweise auslösen.

Die Freiheit liegt immer in dem Moment zwischen Reiz und Reaktion. Wenn Sie diesen Moment bewusst und Ihnen entsprechend gestalten können, haben Sie gewonnen.

Der Körperanker, der einer mentalen Programmierung entspricht, könnte eine Handgeste sein wie Händefalten oder ein Druck mit dem Daumen in Ihre andere Hand. Was immer die für Sie passende Geste ist, sie wird Sie stimulieren und sofort daran erinnern, dass Sie jetzt gelassen und humorvoll reagieren wollten.

Die Freiheit liegt immer zwischen Reiz und Reaktion.

Über diese Erste-Hilfe-Maßnahmen hinausgehend lässt sich Schlagfertigkeit natürlich auch trainieren. Am besten ist es, wenn Sie mit Freunden oder in der Familie üben, also dort, wo Sie sich wohl und sicher fühlen und es um nicht viel geht. Denn es nützt – wie bei nahezu allen anderen

---

9 Keferstein, Michael. „NLP Techniken: Das Ankern und Triggern" Blog NLP erlernen, http://www.nlp-erlernen.de/techniken/ankern/. Siris, Gökhan. „Wie setzt man einen Anker im Neurolinguistischen Programmieren? " Blog Blog Experto.de, https://www.experto.de/praxistipps/wie-setzt-man-einen-anker-im-neurolinguistischen-programmieren.html.

Problemen auch –, sich schon im Alltäglichen geistig damit auseinanderzusetzen, um dann im besonderen Augenblick gewappnet zu sein.

Schlagfertigkeit lässt sich trainieren, am besten zunächst mit Wohlgesinnten.

Das ist so ähnlich wie beim Laufenlernen: Zuerst sind wir „unbewusst inkompetent" – wir bewegen uns am Beginn unseres Lebens zunächst robbend fort und wissen noch nicht, dass wir auch die Beine zum Laufen nutzen können –, was übertragen bedeutet, wir haben noch kein Bewusstsein dafür, dass wir so dermaßen sprachlos sein können und hier noch Potenziale zu entfalten sind.

Dann haben wir eine Idee, wie es anders gehen könnte und nehmen uns vor, besser zu reagieren, also schlagfertig zu sein, um beim ersten Versuch festzustellen, dass es nicht gelingt. Jetzt sind wir „bewusst inkompetent". Wir wollen laufen, fallen aber nach ein paar Schritten hin.

Nachdem wir dazugelernt haben und mit etwas Übung werden wir „bewusst kompetent". Wir setzen einen Schritt vor den anderen. Die Krönung des Ganzen ist allerdings, wenn uns das Wunschverhalten in Fleisch und Blut übergegangen ist und wir schließlich „unbewusst kompetent" sind. Dann laufen wir, ohne noch darüber nachdenken zu müssen. Für unser Thema bedeutet das, weil wir geübt sind, flutschen

Schlagfertigkeit ist wie Tischtennis ein gezieltes Hin und Her, bei dem es heißt, im Spiel zu bleiben.

uns jetzt bei Bedarf knackige Antworten aus dem Mund, und wir können in einem Rededuell aus dem Effeff und sogar gut gelaunt parieren.

Um dieses Ziel zu erreichen, helfen ein paar Tipps & Tricks & Tools, die ich Ihnen natürlich nicht vorenthalten möchte. **Wer schlagfertig sein will, muss sich vor allem erst mal eines merken: Es geht darum, den Ball, der Sie getroffen hat, nicht verkrampft festzuhalten, sondern zurückzuspielen.** Dafür ist verschiedenes möglich:

Nach der Erstreaktion des freundlichen Lächelns können Sie **die Aussage zunächst einfach wiederholen**, mit einem *„Habe ich das richtig verstanden?"* So eine Replik verschafft Ihnen Zeit und der andere ist wieder am Zug. In der Zwischenzeit können Sie sich beruhigen, Stress abbauen und vielleicht fällt Ihnen dann bereits eine passende Antwort ein.

Der zweite Trick, der auch immer funktioniert, ist, verbunden mit einem *„Aha"* oder *„Soso"* **eine Rückfrage zu stellen wie:** „Interessant, wie kommen Sie denn darauf?" oder auch *"Welches Problem genau haben Sie damit?".* Auch jetzt liegt der Ball wieder im anderen Feld und das Gegenüber ist gefragt.

Schlagfertigkeit bedeutet, den Ball, der mich getroffen hat, gekonnt zurückzuspielen.

Generell ist jede Rückfrage ein guter Schachzug, weil Sie dann erst mal entlastet sind und der Fokus wieder beim anderen liegt.

Kardinalfehler Nummer 2 wäre, zu früh auf den Inhalt einzugehen und sich mit Rechtfertigungen in die Ecke treiben zu lassen, denn es reicht zunächst völlig, allgemein zu bleiben mit Repliken wie: *„Was genau wollen Sie damit ausdrücken?"* oder *„Wie genau meinen Sie das?"*.

Bitten Sie um Konkretisierung, denn damit zwingen Sie den anderen, sich bzw. seine Aussage zu differenzieren und sich gegebenenfalls zu rechtfertigen.

Schon etwas konfrontativer ist die Entgegnung: *„Merken Sie eigentlich, was Sie da sagen?"* oder *„Ist Ihnen bewusst, dass ich das auch missverstehen kann?"*. Ist das Gegenüber allzu forsch und fährt Ihnen zu sehr in die Parade, hilft ein: *„Fällt Ihnen eigentlich auf, dass Sie mich gerade unterbrochen haben?"*.

Es ist immer von Vorteil, solche Asse im Ärmel zu haben, die noch gar nichts mit dem konkreten Inhalt der Provokation zu tun haben.

Sind Sie der Situation sachlich gewachsen und fachlich fit, können Sie natürlich – möglichst gelassen – mit Gegenargumenten arbeiten, wobei diese dann nicht nach Verteidigung klingen sollten. Nützlich ist natürlich, wenn Einwände gut durchdacht und auch auf ihre Richtigkeit hin überprüft worden sind und Sie tatsächlich sattelfest sind.

Mir persönlich gefällt die Ironie-Variante am besten. Statt Defensive und Rechtfertigung ist das eine sehr elegante Form zu reagieren. Auf den Vorwurf: *„Ihre Schuhe sind aber schmutzig!"* würden Sie dann beispielsweise antworten: *„Da müssten Sie erst mal meine Socken sehen!"*. Und schon haben Sie die Lacher auf Ihrer Seite und das verschafft Ihnen Luft, um dann mit einem *„Aber mal im Ernst, …"* weiterzumachen. Ironie ergibt sich aus der **Überhöhung und Übertreibung. Sie nehmen die Spannung aus einer Sache und provozieren ein Lächeln**.

Humor ist eine fantastische Ressource und für mich eine der stärksten Kraftquellen. Lachen ist ja tatsächlich gesund, um nicht zu sagen, die beste Medizin.

Humor ist nicht nur eine Ressource, sondern auch eine Kraftquelle.

Eine weitere Option wäre **der Respekt-Trick**, zum Beispiel in Form von „Reframing". Sie nehmen die Argumente des Gegenübers mit einem *„Ja, so kann man das sehen"* oder *„Aha, das ist also ihre Meinung"* auf. Mit so einer Zustimmung wird die Schärfe einer Aussage abgeschwächt und dann können Sie mit entsprechender Autorität ein „ABER" ergänzen, beispielsweise *„aber Sie übersehen dabei …"* usw.

Ähnlich ist das **Arbeiten mit einer Umdeutung.** Wirft Ihnen jemand vor, dass Sie eitel sind, können Sie entgegnen: *„Aha, das ist also ihr Eindruck … nun, wenn Eitelkeit für Sie bedeutet, dass ich selbstsicher bin, dann haben Sie recht."* Auf nahezu geniale Weise soll Frank Zappa einem Talkmaster auf dessen Angang *„Sie haben so lange Haare, sind Sie ein Mädchen"* erwidert haben: *„Sie sitzen an einem Tisch, sind Sie aus Holz?".* Konter, die so sensationell frappierend sind, gehen in die Geschichte ein. Die Frage ist, ob Zappa spontan so schlagfertig war oder nicht davor schon x-mal auf seine Haare angesprochen wurde und sich dann diese Antwort zurechtgelegt hat.

Wer seine Körpersprache gut beherrscht und dazu noch mit seiner Stimme modulieren kann, für den kommt auch der **Komplimente-Trick** infrage, denn hier macht der Ton die Musik, weil an ihm erkennbar wird, dass Sie es nicht wirklich ernst meinen und den anderen auf die Schippe nehmen. Sie können dann für diese *„grandiose"* Aussage danken oder den *„großartigen"* Gedankenaustausch, der *„sicher"* in die Annalen eingehen wird.

Rote oder gelbe Karte – manchmal muss ich genau das entscheiden. Wird jemand gar zu übergriffig, sollten Sie **die gelbe oder rote Karte zeigen**, denn Grenzen zu wahren oder zu setzen, ist im Umgang mit anderen immer ein wichtiges Thema, um souverän bleiben zu können. Es braucht dafür ein gutes Gespür, wann es genug ist.

Grenzen setzen, ist beim Thema „Schlagfertigkeit" zentral, um souverän zu bleiben.

Wichtig ist, sich nicht bei jedem Angriff gleich getroffen zu fühlen und **eine Attacke auch mal rechts oder links an sich vorbeiziehen zu lassen**. Wenn das nicht gleich auf Anhieb gelingt und Ihnen die passende Antwort mal wieder erst später einfällt, ist es trotzdem nicht zu spät, denn Sie können selbst aus verpassten Gelegenheiten lernen. Das Bedürfnis, die Kontrolle zu behalten und das Selbstwertgefühl zu schützen, ist bei dem Wunsch nach Schlagfertigkeit meist ausschlaggebend. Legen Sie sich daher fürs Erste einen Vorrat an möglichen Reaktionen zurecht, damit Sie gut ausgestattet sind und mit ausreichend Übung können Sie sogar zum Meister oder zur Meisterin werden.

Aber noch mal Achtung: Tipps & Tricks & Tools sind wichtig und es stehen neben den hier genannten noch einige mehr zur Verfügung. Es geht ja in diesem Buch nicht um Vollständigkeit, sondern um das, was sich in meiner Praxis am besten bewährt hat. Unumstößliche Tatsache ist und bleibt jedoch, dass wir unter Stress selten schlagfertig sind, weil unser Nervensystem dann in den Überlebensmodus schaltet und wir nicht mehr über die Bandbreite unserer Möglichkeiten verfügen.

Ich schreibe das so ausdrücklich, weil ich nicht möchte, dass Sie sich an der falschen Stelle ärgern oder wütend auf sich sind. Wir sollten keine Spitzenleistungen von uns erwarten, wenn wir in einer schrägen Situation gelandet sind. Manchmal ist es dann schon genug, mit Haltung durchzukommen. **Ihre aktuelle Bestleistung ist nicht immer Ihre Spitzenleistung.**

Die fünf wichtigsten Schritte zur Schlagfertigkeit:

1. Vermeiden Sie Kardinalfehler Nummer 1: Nur betroffen schauen und sich in die Opferrolle drängen lassen.

2. Wenden Sie Erste-Hilfe-Maßnahmen an wie: Tief durchatmen, freundlich lächeln oder die Aussage wiederholen.

3. Vermeiden Sie Kardinalfehler Nummer 2: Rechtfertigen Sie sich nicht, das bringt Sie nur in die Defensive.

4. Üben, üben, üben! Sei es mit dem Partner, Freund oder Lieblingsmenschen.

5. Legen Sie sich einen Fundus von möglichen Reaktionen zurecht. Schauen Sie einfach oben noch mal, welche Tipps und Tricks Ihnen am meisten liegen

TIPPS & TOOLS

41

4.3 Krisenkommunikation

Das Verkaufen von negativen Botschaften und der Umgang
mit frechen Fragen

Genauso wie bei der Schlagfertigkeit kommt es auch bei der Krisen-
kommunikation darauf an, unter Stress und Druck möglichst gekonnt
zu agieren. **Krisen kommen ähnlich wie Provokationen meist unge-
plant und können durch Pleiten, Pech und Pannen, über die Sie sich
dann vermutlich schon genug ärgern, ausgelöst werden.**

Dazu kurz und knapp ein paar wichtige Impulse. Der erste ist, gehen
Sie in einen Klärungsprozess und fragen Sie sich: Was habe ich damit
zu tun? Habe ich überhaupt etwas damit zu tun? Wenn das der Fall ist,
dann helfen Überlegungen wie: Wer sollte kommunizieren und warum?
Mit welcher Energie soll reagiert werden? Aufklärend, lösungsorientiert,
provozierend?

Prävention ist der beste Krisenschutz. Vorsorge besser als Heilen.

Zu erörtern ist danach: Woher genau droht Gefahr, von wem und warum? Was könnte wie passieren? Welche Rolle habe ich dabei? Welche
Strategie wäre passend?

Generell ist es vorteilhaft, auch schon präventiv unterwegs zu sein,
denn Vorsorge ist immer besser als Heilen. Ich kann also in einer ruhi-
gen Phase, wenn die Wellen nicht so hochschlagen, mögliche Szena-
rien durchspielen, die auf mich oder mein Unternehmen zukommen
könnten, bevor das Kind in den Brunnen gefallen ist.

**TIPPS
& TOOLS
42**

Warum Prävention?

1. Es wird Klarheit darüber erzielt, was alles passieren kann.

2. Kritische Fragen können vorab abgewogen und Antworten
   simuliert werden.

3. Dadurch wird mehr Sicherheit erlangt und Sie fühlen sich
   gut gerüstet, wenn es darauf ankommt.

Weitere wichtige Schritte sind: **Verschaffen Sie sich eine Übersicht
über das „Schlachtfeld", entwerfen Sie einen Schlachtplan und stellen Sie eine Truppe zusammen, die Sie unterstützen kann.**

Werden Sie in einer Krise mit frechen Fragen oder Aussagen konfrontiert, können Sie nahezu alle Tricks anwenden, die ich Ihnen weiter oben im Absatz zur Schlagfertigkeit vorgestellt habe. Sie können zum Beispiel wieder mit Gegenfragen arbeiten wie: *„Was genau wollen Sie mit Ihrer Frage bezwecken?"* Oder: *„Was genau interessiert Sie?"*

Vorbereitend können Sie sich auch fragen: Was sind die Fakten? Welche Textbausteine lassen sich schon im Vorfeld aufbereiten? Zum Beispiel so etwas wie: *„Sicher haben Sie Verständnis dafür, dass ich momentan dazu noch nichts sagen kann, aber sobald ich mehr weiß, informiere ich Sie gerne".*

Wirkungsvoll ist dabei der Einsatz des Wörtchens „gerne". Das klingt freundlich und lässt Sie zugewandt wirken. Fügen Sie noch einen Nachsatz mit einer Begründung an und verwenden Sie das Wörtchen „weil" und nachfolgend gute Argumente, dann kann man Ihnen nicht vorwerfen, dass Sie nur mauern möchten.

Nützlich ist es auch, zu differenzieren: Was sind Tatsachen? Was sind „nur" Bewertungen oder Interpretationen?

Schlussendlich bleibt zu erörtern: Welches Ziel will ich erreichen? Welche Wünsche habe ich? Und welche Stärken kann ich dabei ausspielen? Auch Ihre Emotionen zur Sache sollten Sie sich bewusst machen (zum Beispiel Ärger, Wut oder Angst) und vorab überlegen, wie Sie diese managen können.

Erinnern möchte ich auch hier an meine Erste-Hilfe-Empfehlungen: Durchatmen, Notfallrituale, Energiebooster, Powerposen und Visualisierungen. Prinzipiell ist es immer vorteilhaft, auch unter Druck und im Stress möglichst „geschmeidig und flexibel" zu bleiben –, sich also nicht zu versteifen oder zu erstarren. Auch Mauscheln oder Unter-den-Tisch-Kehren sollte nicht zu Ihrem Repertoire gehören, versuchen Sie im Zweifelsfall eher souverän auszuweichen.

Die Kunst besteht darin, einerseits offen zu sein und andererseits Grenzen zu setzen, aufmerksam zuzuhören und dann kommunikativ zu führen.

4.4 Die Welt liegt denen zu Füßen, die mit der Gänsehaut tanzen können

Charisma und wie auch Sie Ihren Ausstrahlungswert steigern

Ob ein Auftritt auf der großen Bühne oder ein Bewerbungsgespräch im kleinen Rahmen. Ob ein Online-Meeting oder ein Kundengespräch – wer dabei Charisma und Charme ausstrahlt, kann leichter überzeugen und sein Gegenüber nahezu unbemerkt auf seine Seite bringen. Charismatischen Menschen gelingt es, mit ihrer Anwesenheit zu faszinieren und andere in ihren Bann zu ziehen.

Charisma ist das Sahnehäubchen jeder Performance.

Was alle Charismatiker von Martin Luther King („*I have a dream*") über Willy Brandt („*Mehr Demokratie wagen*") bis hin zu Barak Obama („*Yes, we can*") eint ist, dass sie alle ausnahmslos sehr kommunikativ sind. Ihre

Antennen stehen ständig auf Empfang, was sie aufmerksam wirken lässt und im Umgang mit ihrem Publikum einfühlsam.

Charismatische Menschen sind außeralltägliche Gesamterscheinungen. Sie können ihre Zuhörenden so verzaubern, dass man ihnen kaum widerstehen kann. Charisma ist etwas Besonderes, eine Gnadengabe, wie es schon aus dem griechischen Wortursprung hervorgeht. Dennoch glaube ich, dass jeder den Keim des Charismas in sich trägt. Es braucht jedoch Bewusstheit und Willenskraft, diesen Keim zur Blüte zu bringen. Eine erste Knospe zeigt sich schon dann, wenn wir gut gelaunt sind und andere anstrahlen.

Wie aber wird man charismatisch?

Eine charismatische Ausstrahlung entsteht zunächst einmal dadurch, dass Sie grundsätzlich mit sich im Reinen sind und für Ihre Sache brennen, sodass Sie andere entzünden können. Charismatiker sind keine unsicheren Selbstzweifler mit pessimistischer Ausstrahlung, sondern genau das Gegenteil: Überzeugungstäter mit einem Optimismus, der andere ansteckt. **Charismatiker sind ganz im Hier und Jetzt und bei Ihrem Publikum präsent und vermitteln so gekonnt das Gefühl von Nähe, ja nahezu Vertrautheit.**

Dafür müssen Sie noch nicht einmal eine Rampensau sein. Ganz im Gegenteil, auch die Stillen wie Mutter Theresa oder der Dalai Lama zum Beispiel können eine ansteckende Ausstrahlung entfalten, wenn sie eine Mission oder Vision haben und diese innere Haltung aus ihnen spricht.

> Charisma bedeutet „Gnadengabe", die von innen nach außen strahlt.

Charisma kann man sich nicht selbst als Etikett aufkleben, es wird uns von anderen zugeschrieben, wenn sie diese Ausstrahlung unserer Persönlichkeit spüren. Charismatiker sind Menschen, mit denen man gern in Kontakt kommen möchte.

> Charisma ist kein Etikett, das ich mir selber ankleben kann, sondern wird mir wie ein Titel oder eine Auszeichnung verliehen.

Charisma kann aber durchaus „erlernt" werden, denn es ist weder Magie noch Hexerei. Wobei das „gewisse Etwas" nie das Ergebnis von angewandten Techniken ist, wie vorher einstudierter Mimik, Gestik oder Sprechhaltung. Charisma ist vielmehr das Ergebnis unserer Einstellung zu uns selbst, zu unserem Gegenüber und zur Welt. Es basiert auf Selbstsicherheit und Selbstwirksamkeit. Charismatiker zeichnet zudem Gelassenheit aus – von außen kann alles Mögliche passieren, aber sie bleiben auch in Extremsituationen bei sich, sind standhaft und kommen nicht ins Wanken. Sie haben einen starken Charakter, können klar denken und sind gleichzeitig fürsorglich und freundlich. Sie verbinden Macht mit Anmut, was sich auch über ihre Körperhaltung ausdrückt. Sie gehen aufrecht mit Körperspannung und wirken trotzdem lässig.

Charismatiker haben einen klaren Blick und eine offene Körpersprache. Sie wirken lebendig und echt und sie verfügen über ein gewinnendes, geradezu unwiderstehliches Wesen, als wären sie mit einem Wunderelixier ausgestattet.

Charisma wird als eine Verbindung von folgenden Persönlichkeitsmerkmalen definiert:

1. Selbstliebe.

2. Kein einstudiertes Auftreten, sondern echte Authentizität und Glaubwürdigkeit.

3. Individualität, die imponiert, inspiriert und ermutigt.

4. Gelassenheit, egal was passiert.

5. Optimismus und Witz – Zielvorstellungen für die Welt und Gesellschaft.

6. Interesse an anderen – Beziehungsintelligenz und Beliebtheit.

7. Körpersprache, die Macht mit Anmut verbindet und ebenso geheimnisvoll wie souverän wirkt.

TIPPS & TOOLS

43

Charisma beruht nicht zuletzt auf kommunikativen Fähigkeiten, denn Charismatiker sind nicht nur interessante Persönlichkeiten, sie sind auch an vielem interessiert. Es sind neugierige Menschen, die bereit sind, zu staunen. Sie geben anderen das Gefühl von WERTschätzung, sie motivieren und beflügeln.

Wer seinen Charme und sein Charisma ausspielen kann, landet in den Herzen seiner Mitmenschen und mutiert zum magischen Sympathieträger mit unwiderstehlicher Aura.

Charisma fühlt sich gut an, weckt angenehme Gefühle, löst Wohlbefinden aus und bleibt schon deshalb im Gedächtnis.

Wie hoch ist Ihr Charismafaktor – geben Sie sich an dieser Stelle selbst Noten von 1 bis 5:

1. Können Sie sich selbst lieben und Ihre Selbstliebe spüren?

2. Gelingt es Ihnen, souverän und locker aufzutreten?

3. Trauen Sie sich, individuell zu sein und andere zu inspirieren?

4. Verfügen Sie über Gelassenheit, egal was kommt?

5. Wie positiv schauen Sie auf Ihre Umgebung und die Welt?

6. Wie beliebt sind Sie?

7. Wie sehr interessieren Sie sich für andere?

8. Haben Sie eine aufrechte Körperhaltung und Körperspannung?

TIPPS & TOOLS

44

Gegen die Info-Flut hilft: kurz, klar und kompetent zu kommunizieren.

5. WIRKSAM Kommunizieren
= DIE Zukunftskompetenz

Kommunikation 2030 – Von der kommunikativen
Rundumversorgung bis zum Metaversum

Alexa schaltet im Wohnzimmer den Fernseher an, weil es jetzt 19 Uhr ist und damit Zeit für die Abendnachrichten. In diesem Moment fragt mich Siri, was sie für mich tun kann, weil sie den Ton des Fernsehers mit meiner Stimme verwechselt hat. Zeitgleich ploppt die Info auf meinem Handy hoch, mit wem ich in einer Stunde zum Essen verabredet bin – willkommen in der schönen neuen Welt der kommunikativen Rundumversorgung. Wir müssen kaum noch selbst denken, weil unser Verhalten erfasst und digital gesteuert wird.

Kommunikation in Zeiten der kommunikativen Rundumversorgung, in der alles gemessen, skaliert und automatisiert wird.

Zweifelsohne leben wir im Zeitalter der Information, Kommunikation und Vernetzung. Intelligente Geräte, Hochleistungsrechner und Servicereboter nehmen uns mehr und mehr die Arbeit ab – nicht nur die körperlich schwere, sondern auch alles, was das Sammeln, Sortieren und wieder Auswerfen von Zahlen, Daten und Fakten betrifft.

Algorithmen sind dabei um ein Vielfaches schneller als wir Menschen und die virtuellen Speicher haben deutlich mehr Kapazitäten als unser menschliches Gehirn. Noch können die künstlichen Helfer zwar weitestgehend nur das verarbeiten, womit wir sie vorher gefüttert haben, aber das wird sich in Zukunft ändern. Die Künstliche Intelligenz soll künftig völlig eigenständig Denken und Handeln, aber auch Gefühle vorausahnen und sie dann zumindest imitieren können. Es wird Pflegeroboter geben, die uns mit einer vorprogrammierten Stimme in gefühligem Ton von morgens bis abends ansprechen und uns dreimal täglich auf einem kleinen Tablett die Pillen servieren.

Was für eine Zukunft wird das sein?

Ob Arbeitsschritte oder Kommunikationsprozesse, alles wird zunehmend skaliert und automatisiert, was dem neuzeitlichen Effizienzbegehren voll und ganz entspricht und uns Menschen in Aussicht stellt, dass wir dann nur noch am Strand liegen und uns amüsieren müssen.

Aber passiert das alles tatsächlich zu unserem Wohl und Vorteil? Erleichtert es wirklich unser Leben, wenn wir als Kunden mit einer Frage nicht mehr bei einem kompetenten Ansprechpartner landen, sondern nur noch auf den Hilfeseiten einer Firma, wo wir durch zig Optionen scrollen müssen, die gar nicht unserem Anliegen entsprechen? Ich fühle mich da eher genervt als unterstützt und vor allem kostet es mich das WERTvollste, was ich neben meinen Kindern und Freunden habe: Lebenszeit.

Die andere Seite der Medaille ist, dass unsere Aufmerksamkeitsspanne durch die tägliche kommunikative Überflutung, wo immer wir gehen und stehen, deutlich abnimmt. **Wir können nur noch kurze Textbausteine und Infohäppchen verkraften.**

Die ständig auf uns einströmenden Reize und eine immer schneller werdende Taktung führen dazu, dass viele Menschen nur noch gestresst oder psychisch belastet sind, ja sogar erschöpft. **Den eigenen Energiehaushalt bewirtschaften zu können, Stress zu bewältigen und resilient zu sein, komme, was da wolle, gehört deshalb – neben der Kompetenz kraftvoll kommunizieren zu können – zu DEN Kompetenzen, die wir in Zukunft noch dringender nötig haben werden.**

Die Schnelligkeit unserer Zeit führt dazu, dass E-Mails kaum noch gründlich gelesen, sondern häufig nur noch überflogen werden. Über Hotlines findet kaum noch kompetente Problemlösung statt, sondern erneut wird WERTvolle Lebenszeit verschwendet, weil wir zuerst in lästigen Warteschleifen hängen und danach mit Callcentern verbunden sind, wo Hilfskräfte nur Standardantworten geben können, aber kein individuelles Anliegen lösen.

Ein Buch muss abends zur Seite gelegt werden, weil Lesen zu anstrengend geworden ist, lediglich eine Serie über den Streamingdienst lässt sich noch konsumieren.

Durch die alltägliche kommunikative Überflutung nimmt die Aufmerksamkeitsspanne ab und die Aufnahmekapazitäten schwinden.

Je mehr wir aber Getriebene sind, durch Digitalisierung, Agilität und Transformation, desto wichtiger wird es, möglichst kurz, klar und kompetent zu kommunizieren, denn sonst geht das, was wir wollen oder brauchen, in der Masse an Informationen und Angeboten unter, die tagtäglich auf uns einströmen. Weil nicht nur die Aufmerksamkeitsspannen kürzer werden, sondern auch die Aufnahmekapazitäten schwinden.

Deshalb ist die Zeit und Aufmerksamkeit derer, die uns zuhören oder zuschauen, nicht nur ein hohes, sondern ein immer kostbarer werdendes Gut und es gilt, weniger, aber viel gezielter zu kommunizieren – man könnte auch sagen: Weniger, dafür wirksamer. Das will gelernt sein und in meinem Alltag erlebe ich aktuell das Gegenteil: Interessiere ich mich im Internet für ein Angebot, werde ich daraufhin von automatisierten E-Mailkaskaden förmlich unter Beschuss genommen. Im Austausch für ein „Freebie", eine kostenlose Offerte, die ich angenommen habe, muss ich meine E-Mail-Adresse hinterlassen und handle mir in der Folge ganze E-Mail-Lawinen ein. Dann währt die Freude über all diese Möglichkeiten nur kurz und zieht einen Rattenschwanz an Nerverei hinter sich her, wenn ich mich nicht schnell genug wieder aus besagten Mailverteilern austrage.

Das Gespür dafür, was wir anderen zumuten können, geht vor allem in der virtuellen Welt allzu schnell verloren.

Beispielhaft dafür steht auch das folgende Erlebnis: Ich war auf einem Seminar, das mich persönlich sehr berührt hat und ich fand die Frau, die es veranstaltete, wirklich faszinierend. Wir schrieben im Nachgang etwas hin und her und dann bekam ich an einem Abend, an dem mir die Stimmung in den Keller getrudelt war, eine E-Mail von ihr und war voller Vorfreude. Der Anfang las sich auch genau so, als sei er extra für meine Situation geschrieben worden. Ich fühlte mich fast getröstet, doch beim vierten und fünften Satz bemerkte ich, dass es eine Werbemail für ihre Onlineprodukte war.

Ich kann kaum beschreiben, wie unangenehm und enttäuschend sich das anfühlte. Sicher, es war eine Stärke des Textes, dass es gelungen ist, mich so hinter die Fichte zu führen, dass ich mich innerlich angesprochen fühlte und zunächst gar nicht merkte, dass es sich um eine Rundmail handelte. Gleichzeitig aber fühlte ich mich instrumentalisiert und für Verkaufszwecke missbraucht.

Kunden über gezielte Kommunikation gewinnen zu wollen, ist die eine Seite, wenn wir allerdings zur Zielscheibe von Mail-Attacken werden, ist das Ergebnis: Wie gewonnen, so zerronnen. Auch in der digitalen Welt braucht es ein Gefühl für unser Gegenüber, gerade wenn wir nicht mehr von Person zu Person kommunizieren.

Bei Online-Meetings ist unsere Wahrnehmung eingeschränkt und die nonverbale Seite des Überzeugens über unsere Ganzkörpersprache kommt kaum noch zum Tragen. Wir sehen die Mikromimik des anderen nicht mehr, können ihn nicht riechen, worüber wir im realen Leben Informationen erhalten und auch die energetische Ausstrahlung kann virtuell kaum erfasst werden. Das ist es, was Online-Meetings so anstrengend macht. Wir stehen uns nicht mehr im direkten Dialog gegenüber, bei dem man sich auch mal freundschaftlich am Arm fassen kann oder anderweitig körpersprachlich berühren, sondern wir blicken auf einen Bildschirm und in die kleine schwarze Linse der Kamera. Deshalb können wir nur antizipiert kommunizieren und die Gefahr ist groß, dass wir aneinander vorbeireden.

Wenn Kommunikation DIE Kompetenz der Zukunft ist, ist es wichtig, eine Balance zwischen der digitalen und der persönlichen Kommunikation zu finden.

Wir können natürlich unsere Mitarbeitenden über Online-Meetings oder mit Videos ansprechen. Das ist sogar ein positiver Effekt von Corona. Wir haben gelernt, dass es auch anders geht. Wir müssen nicht mehr durch die ganze Republik gondeln und wir müssen auch nicht mehr unbedingt persönlich vor Ort sein. **Es geht vieles online, aber eben nicht alles**. Weil wir Menschen sind und deshalb auch Nähe und persönliche Zuwendung brauchen.

Schaue ich mir unser modernes Kommunikationsverhalten an, mache ich auch die folgende Beobachtung: Obwohl meine Kinder die „Generation Handy" sind und damit nahezu ununterbrochen kommunizieren, mangelt es an klaren Absprachen. Frage ich sie am Wochenende morgens: *„Was habt ihr denn heute mit euren Freunden vor?"*, kommt keine konkrete Antwort. Zunächst heißt es *"Na ja, wir wollen uns treffen"*, aber wann und wo bleibt unklar. Frage ich dann gegen Mittag noch mal nach, bekomme ich so was zu hören wie: *„Wir müssen mal gucken …"* und das war's. Bis sie über ihr Handy zu einem konkreten *„Wann"* und *„Wo"* kommen, kann ein ganzer Tag vergehen. Es ist wirklich irre!

Klare und verbindliche Kommunikation sieht jedenfalls anders aus. Erinnere ich mich hier an meine Kindheit in der DDR, wo wir noch nicht einmal ein Festnetztelefon hatten, kann ich mir heute gar nicht mehr vorstellen, wie wir es geschafft haben, uns zu verabreden.

Wir waren eine größere Clique, die zum Teil bis zu zehn Kilometer auseinander wohnten und nicht in dieselbe Schule gingen. Trotzdem haben wir uns am Wochenende getroffen. Aber wie das gegangen ist, ohne Telefon? Es ist mir heute ein Rätsel. Ich vermute, es ging deshalb, weil wir es langfristig und vor allem verbindlich verabredet haben. Wir haben festgelegt: „Ok, nächsten Samstag um 15 Uhr." Und dann war es der nächste Samstag um diese Zeit – und nicht vielleicht, vielleicht auch nicht oder vielleicht auch eine halbe Stunde später und all dieses Handy Hin und Her. Nein, es war Samstag um 15 Uhr, und damit basta! Und wenn diese Absprache nicht verlässlich gewesen wäre, hätte es nicht funktioniert.

Inzwischen sind wir fast vollständig digitalisiert. Meine Geräte wissen alles über mich. Vielleicht dauert es gar nicht mehr lange und wir bekommen die digitalen Funktionen implantiert. Dann wecken mich vibrierende Signale unter der Haut, wenn ich aufstehen soll und es wird mir mitgeteilt, was ich als Nächstes zu tun habe. Meine digitalen Überwacher melden auch sofort, wenn irgendeine Unregelmäßigkeit auftritt und selbstverständlich werden alle meine biometrischen Daten vom Speichel bis zum Urin gemessen, denn auch mein WC und die Zahnbürste sind vernetzt.

Schlafverhalten, Gehverhalten, Herzfrequenz – ich entwickle für diese Dinge kein eigenes (Gesundheits-)Gefühl mehr, sondern die digitalen Helfer wissen es besser und reichen Veränderungen an meinen Arbeitgeber oder die Versicherung weiter. In dieser neuen Welt, in der alles gemessen, ausgewertet, eingespeist und bewertet wird, gehe ich morgens aus dem Haus und wenn ich Lust habe, mal die Richtung zu wechseln und mich individuell entscheide, heute eine andere Route als gewohnt zu gehen, reagiert sofort mein digitales Über-ICH mit: *„Achtung. Die letzten 364 Tage im Jahr bist du nach rechts gegangen. Bist du sicher, dass du jetzt nach links gehen möchtest?"*

Für mich stellt sich da die Frage, wie viel ich eigentlich noch selbst managen kann, denn wenn ich lese, dass die Hirnkapazitäten von Hauskatzen, die von ihren Besitzern gehätschelt werden, schrumpfen, dann wird mir doch etwas angst und bange um meine Fähigkeiten zur Selbstwirksamkeit statt Fremdbestimmung.

Hirnkapazitäten schrumpfen, wenn wir nicht mehr selbstbestimmt und selbstwirksam leben, sondern fremdbestimmt.

Und das Rad dreht sich weiter, denn längst wird nicht mehr nur an einem „Second Live", „Avataren" oder VR-Brillen gearbeitet, ein „Metaversum" ist das neue Ziel der Begierde, ein kollektiver virtueller Raum, in dem sich die physische und die virtuelle Realität verschränken. Von einem „verkörperten Internet" ist die Rede, von der nächsten Evolution der sozialen Beziehungen, bei denen es nicht mehr wichtig ist, ob etwas real oder nur virtuell passiert. Hauptsache, wir haben das „Gefühl", dass es existiert. Es sollen schon virtuelle Grundstücke, ganze Häuser oder teure Kunstwerke in diesem „Metaversum" für Millionensummen verkauft worden sein, obwohl sie physisch gar nicht existieren, was sich wohl nur Menschen leisten können, die nicht wissen, wohin mit ihrem Geld. Dabei geht es keinesfalls um den realen Besitz, wichtig ist „das Gefühl, etwas zu haben". Erstaunlich, dass es dafür einen Markt gibt.

In der DDR, die ich als Kind erlebt habe, gab es den Liedermacher Reinhard Lakomy und sein wunderbares Liederalbum vom „Traumzauberbaum". Dort verkaufen die Herren Tarn und Kappe „Seifenblasenhäuser". Heute denke ich, dann war der real existierende Sozialismus ja gar nicht so weit vom „Metaversum" entfernt.

Die Herren Tarn und Kappe verkaufen „Seifenblasenhäuser" und arbeiten mit dem Gefühl, dass diese existieren.

Wir Menschen sind dann nur noch nützlich als Konsumenten und Datenlieferanten – eine Entwicklung, die bereits begonnen hat – und **kommunikativ wird es reichen, wenn wir nur noch „JA" sagen zu den uns angebotenen Sachen.**

Die bunten Facetten unserer Persönlichkeit dagegen und unsere viel-fältigen Resonanzmöglichkeiten sind dann wohl nicht mehr gefragt. Ich persönlich möchte mir diese Fähigkeiten aber nicht aus der Hand neh-men lassen, nur sind die Betreiber dieser Meta-Welt sicher mit allen Wassern der Verhaltenspsychologie und Hirnforschung gewaschen, sodass es schwerfallen wird, sich den Verlockungen zu widersetzen.

Nutzen wir also die Zeit, die uns noch bleibt, um mit unserem individuellen AUSDRUCK als reale Persönlichkeiten wirksam EINDRUCK zu machen.

Kommunikation ist Begegnungsverkehr.

Vorhang auf – für Ihre BESTMÖGLICHE Performance!

6. Abschließende Gedanken

Stellen Sie sich vor, Ihre Präsentation ist zu Ende, der Auftritt vorbei. Haben Sie Ihre Chancen genutzt oder sie vergeigt?

Selbst wenn Letzteres zutreffen sollte, macht das nichts – jetzt kann dazugelernt werden. Dabei gibt es nicht DAS EINE Patentrezept für eine gelungene Performance, sondern viele wirksame Tools und Anregungen, von denen eine ganze Menge in diesem Buch versammelt sind, die sich in der Praxis bewährt haben.

Wer Ihnen jedoch lediglich handwerkliche Kniffe verkaufen möchte, den schicken Sie am besten gleich weiter zum Mitbewerber, damit er dort sein Glück versuchen kann, weil es nicht nur eine Symptom-, sondern auch eine Wurzelbehandlung mit nachhaltigen Verbesserungen braucht. Und es ist wirklich so: Übung macht den Meister.

Es gibt nicht DAS EINE Patentrezept, aber viele wirksame Tools und Anregungen – und erst Übung macht den Meister.

Üben bringt Routine und glauben Sie mir, die besten Redner proben viel und erst am Ende dieses Prozesses sieht es plötzlich leicht aus und unangestrengt. Das ist so ähnlich wie bei Artisten, die sich verbiegen und in der Luft salutieren können, als ginge es um nichts, aber wir wissen doch, dass dahinter hartes Training steckt oft über Jahre hinweg.

Auf der Bühne oder vor der Kamera ist es jedoch für Tipps & Tricks & Tools zu spät, Sie müssen vorher trainieren, denn wenn das Rotlicht angeht oder die Veranstaltung beginnt, heißt es ganz und gar präsent und beim Publikum zu sein.

Lernen ist dabei immer ein Prozess und ein guter Auftritt vor allem eines: Übungssache. Und warum sollten Sie sich nicht, wie jeder Spitzensportler auch, einen Trainer oder Coach zur Seite stellen? Lockeres und freudvolles Üben bringt nicht selten – ganz nebenbei – verblüffende Ideen oder sensationelle Formulierungen mit sich.

TIPPS & TOOLS 45

Kommunizieren Sie:

Gehirngerecht, überzeugend, emotional.

Punktgenau, treffsicher, zielführend.

Erfrischend, inspirierend, begeisternd.

Überzeugen und Wirken ist immer eine soziale Interaktion. Sie können darüber nicht alleine bestimmen, sondern bestimmend ist auch, wie Sie wahrgenommen werden und an dieser Stelle wird es dann durchaus komplex. Denn zum einen filtert das Gehirn Ihres Gegenübers millisekundenschnell alle Ihre verbalen und nonverbalen Botschaften, zum anderen werden daraus Schlüsse gezogen und Meinungen gebildet, die wiederum auch etwas mit den Prägungen der Person zu tun haben, die Sie wahrnimmt. Eindrücke vermischen sich so mit Vorerfahrungen und dann werden Sie als vertrauenswürdig und sympathisch einsortiert oder als jemand, bei dem Vorsicht oder gar Distanz geboten ist. Was ich damit ausdrücken will: **Am Ende haben Sie nicht alles in der Hand. Wenn Sie nicht überzeugen, kann das auch schlicht und ergreifend etwas mit der Befindlichkeit des anderen zu tun haben**. Ich sage das, um Sie zu entlasten und damit Sie sich nicht unnütz Druck machen.

Überzeugend zu wirken, beruht immer auch auf einer sozialen Interaktion und da haben wir nicht alles in der Hand. Hier kommt es auch auf das Gegenüber an.

Wirkungskompetenz beruht vor allem auf zwei Fähigkeiten: Erstens, Sie kennen sich selbst und können sich managen. Zweitens, Sie erkennen den anderen, können ihn verstehen und eine empathische Beziehung zu ihm aufbauen.

Wirkung = Energie + Zeit
Viel Energie in kurzer Zeit hat einen hohen Effekt.

Wenn Sie also mit Ihrem Ausdruck den Eindruck vermitteln wollen, der Ihren Zielen und Vorhaben oder Ihrer Marke entspricht, dann beachten Sie künftig die *I.P.R.-Erfolgsformel* ©, die für „Inhalt, Persönlichkeit und Resonanzaufbau" steht. Oder anders zusammengefasst: Beherzigen Sie, **WAS** Sie **WIE** und **FÜR WEN** sagen, dann kann eigentlich nicht mehr viel schiefgehen.
Und vergessen Sie nie: Erst Sinn bieten, dann Leistung abrufen (= erst Nutzen nennen, dann Zuhören erwarten). Hier schließt sich der Kreis der fünf wichtigsten Wirkungsmechanismen → s. Seite 15

*„Das Wertvollste im Leben ist die Entfaltung der Persönlichkeit und ihrer schöpferischen Kräfte.",*so schön hat es einst Albert Einstein formuliert. Und neulich meinte eine Klientin von mir am Ende des Auftrittscoachings: *„Im Idealfall bin ich also wie ich bin."* Ja, genau darum geht es – trotz Kamera und Scheinwerferlicht oder trotz Bühne und Publikum ganz ich selbst sein zu können und gleichzeitig mit meiner Aufmerksamkeit bei meinem Gegenüber. Ich wünsche Ihnen bestmögliches Gelingen dabei und bin gern für Sie da und ansprechbar für Ihre Fragen unter post@angela-elis.de.

©Angela Elis, www.angela-elis.de

Danksagung

Mein herzlicher Dank gilt meinen Erstlesern: Patricia Weikert von „we grow", Claudia Heberling von „Balancepunkte", Winfried Lintzen (Philosoph und Faust-Experte www.goethesfaust.com) und Michael Hillmann von „Wieder auf Kurs".

Von Herzen Dank auch an Ulrike Luckmann, Journalistin und Autorencoach, für wertvolle Impulse. Natürlich auch meiner Lektorin Antonia Pieper, Marie Carrillo und dem Bourdon Verlag und der Grafikerin Lena Vansteenkiste.

Und Dank auch an meinen großartigen Fotografen, Michael Bader, für die Wegbegleitung, ebenso Franziska Rinkel, Sandra Faust und René Karich für die wundervolle Unterstützung im Zuge der Fertigstellung.

Anhang

So geht Körperarbeit:

In meinen Executive-Coachings habe ich so zum Beispiel mit einer Spitzenpolitikerin gearbeitet, die sehr unglücklich darüber war, dass sie in Diskussionen, in denen sich dominante Männer breitmachten, irgendwie immer kleiner und schweigsamer wurde. Statt ihr nun zu sagen, wie sie künftig sitzen und reden müsse, was sie unter Druck und Stress so und so nicht abrufen könnte, habe ich sie gebeten, eine Körperplastik davon darzustellen, wie sie sich fühlt, wenn sie in so einer Situation immer mehr in sich zusammenschrumpft.

Ähnlich wie ein Bildhauer sollte sie den körperlichen Ausdruck für ihr Verhalten finden und zeigen. Danach bat ich sie, eine zweite Körperplastik zu erstellen, sozusagen die Wunschversion ihrer selbst, die verdeutlicht, wie sie im Vollbesitz ihrer Ausdrucksstärke ist, sich wohlfühlt und das Bild abgibt, das sie gern von sich sehen möchte.

In einem dritten Schritt heißt es dann, von der ersten Darstellung (das unerwünschte Verhalten) ganz langsam wie in Zeitlupe in die zweite Darstellung (das erwünschte Verhalten) zu gelangen. Anhand meiner Beobachtungen kann ich bei diesem Schritt spiegeln, was ich alles wahrnehme und ein Klärungs- und Reflexionsprozess kann beginnen über das, was da so abläuft.

Der wichtigste Schritt am Ende ist, die zweite Körperplastik des Erfolgs im neuronalen Netzwerk abzuspeichern und zu verankern.

Der Vorteil dieser Methode ist, dass man in Stresssituationen nicht erst lange überlegen muss, was man wie und warum tun wollte oder sollte, sondern innerhalb von Millisekunden kann ich das innere Bild und die Emotion dazu abrufen - also den körperlichen Ausdruck für den erwünschten „Erfolgsmodus". Meine vielfachen Erfahrungen belegen, dass so eine Körperarbeit, auch Embodiment genannt, hoch wirksam ist.